"十三五"普通高等教育本科规划教材

U0344827

热工理论基础实验

主　编　姜昌伟

副主编　傅俊萍

编　写　邹新元　宁佐阳　夏侯国伟

　　　　张云峰　石　尔　朱先锋

主　审　李贺松

中国电力出版社

CHINA ELECTRIC POWER PRESS

内 容 提 要

　　本书结合当前热工基础实验教学改革的实际和最新要求编写而成。全书系统地介绍了热工实验过程中温度、压力、流量、流速等基本热工参数的测试方法、测量原理、测量设备、实验数据处理与误差分析的基础知识，此外还介绍了热工测量新技术、新设备及相关的热工基础实验。

　　本书可作为能源与动力工程类相关专业本科生的实验教材，也可供研究生、科研人员及工程技术人员参考。

图书在版编目（CIP）数据

热工理论基础实验/姜昌伟主编. —北京：中国电力出版社，2016.1

"十三五"普通高等教育本科规划教材
ISBN 978-7-5123-6728-9

Ⅰ.①热… Ⅱ.①姜… Ⅲ.①热工学-实验-高等学校-教材 Ⅳ.①TK122-33

中国版本图书馆 CIP 数据核字（2014）第 250676 号

中国电力出版社出版、发行

（北京市东城区北京站西街 19 号　100005　http://www.cepp.sgcc.com.cn）

汇鑫印务有限公司印刷

各地新华书店经售

*

2016 年 1 月第一版　2016 年 1 月北京第一次印刷

787 毫米×1092 毫米　16 开本　8.5 印张　201 千字

定价 **20.00** 元

前　　言

　　热工理论基础系列课程（包括热工理论基础、工程热力学、传热学、工程流体力学）是高等院校中能源与动力工程、建筑环境与能源应用工程、热工过程自动化、内燃机工程、交通运输工程、食品工程等专业十分重要的专业基础课，既具有较强的理论性，又具有广阔的工程应用背景。为了加深对理论知识的理解，进一步提高学生的动手能力，培养面向 21 世纪的创新型人才，作者结合热工理论基础系列课程编写了《"十三五"普通高等教育本科规划教材　热工理论基础实验》，并与热工理论基础系列课程配套使用。

　　本书注重对学生基本实验技能的训练，通过实验学会使用各种测量仪器，掌握数据采集、观察、处理和分析的基本方法，培养学生运用基本理论分析解决问题的能力及学生的创新思维和创造能力。

　　全书共 6 章，第 1 章由姜昌伟编写，第 2 章由宁佐阳、朱先锋编写，第 3 章由宁佐阳、石尔编写，第 4 章由姜昌伟编写，第 5 章由邹新元、宁佐阳、夏侯国伟编写，第 6 章由傅俊萍、张云峰编写。姜昌伟教授与傅俊萍教授分别担任本书的主编和副主编。全书由中南大学能源科学与工程学院李贺松教授主审。

　　由于编者水平有限，书中难免有疏漏和不妥之处，恳请读者批评指正。

编　者

2015 年 8 月

目　　录

第1章 概　　述

1.1　热工理论基础研究对象

能源是国民经济发展的基础，人类社会的发展离不开能源的开发和对先进能源技术的使用。在当今世界，能源和环境是全世界、全人类共同关心的问题，也是我国社会经济发展的重要问题。自然界中蕴藏着各种不同形式的能源，人类迄今已不同程度地开发利用了自然界中化石燃料的化学能、原子能、太阳能、风能、水能、潮汐能等。其中风能和水能以机械能的形式提供能量，而其他能源主要以热能的形式或者转换为热能的形式供人们利用。人类在开发、利用能源，特别是在把化学能等转换成热能的同时，却污染了我们赖以生存的环境，例如，矿石燃料的燃烧、原子废物的核辐射等。因此，热能的利用和研究对人类的文明发展和环境保护有着重要的意义。

热能的利用主要有两种方式：一种是直接利用，即利用热能直接加热物体，如烘干、采暖、冶炼等；另一种是动力利用，即把热能转换成机械能或电能，为生产及生活提供动力。这两种利用方式，均需通过一定热工设备和过程才能实现。

把热能转换为机械能的整套设备称为热能动力装置。至今，热力工程利用的热能主要来自矿物燃料所蕴藏的化学能。燃料在适当的燃烧设备中进行燃烧，产生热能，在热机中再将热能转变为机械能。热能动力装置可分为两大类：蒸汽动力装置和燃气动力装置。前者如火电发电厂的蒸汽动力装置及原子能动力装置等；后者如内燃机、燃气轮机装置等。制冷、热泵装置原则上属于把机械能转换为热能的设备，在热力学分析上与热能动力装置有很多相似之处。

蒸汽动力装置是由锅炉、汽轮机、冷凝器、泵等组成的热力装置。燃料在锅炉中燃烧，把物质的化学能转变为热能，锅炉沸水管内的水吸热后变为蒸汽，并在过热器中过热，成为过热蒸汽。此时蒸汽的温度及压力比外界介质（空气）的温度及压力高，蒸汽具有做功的能力。蒸汽被导入汽轮机后，通过喷管时，由于膨胀，压力降低，速度增大，具有一定动力的蒸汽推动叶片，使轴转动做功。做功后的排汽（称为乏汽）从汽轮机进入冷凝器，被冷却水冷却，凝结成水，又由泵打入锅炉内加热。如此不断循环，不断产生蒸汽，汽轮机不断对外做功。

制冷装置的目的在于把低温物体的热量向高温物体转移，为此，需外界输入功。热泵是实施从低温物体吸热，向高温物体输送热量的装置，其原理与制冷装置相同。以制冷装置工作过程为例，工质在压缩机中被压缩，其压力、温度升高，接着工质在冷凝器中冷凝；然后，通过节流阀，其温度降低到冷藏室温度以下；最后在冷藏室中吸热汽化，返回压缩机完成循环。如同热能动力装置一样，工质周而复始地吸热、压缩、放热，将热能从低温物体传向高温物体。

1.2　热工理论基础的研究内容和方法

热工理论基础涵盖了工程热力学、流体力学和传热学三部分。工程热力学主要是研究热能与机械能相互转换的规律及其在热能动力工程中的应用；流体力学主要研究流体本身的静止状态和运动状态，以及流体和固体界壁间有相对运动时的相互作用和流动的规律；传热学主要研究热量传递的规律及其工程应用。热工理论为研究热力设备的工作情况及提高转换效率提供必需的理论基础。

热工理论的理论教学和实验教学是教学中既紧密相连又相对独立的两个方面，与理论教学不同的是，实验教学更强调动手能力和知识的综合运用能力的培养。因此，实验教学与理论教学在教学中具有同等重要的地位。

实验教材作为热工理论基础教材的配套教材，主要侧重学生实际操作技能的培养，本书系统地介绍了热工实验过程中温度、压力、流量、流速等基本热工参数的力学、电学和光学测试方法、测量原理、测量传感器及测量系统、实验数据处理与误差分析的基础知识，此外还介绍了热工测量新技术、新设备及相关的热工基础实验。全书分为 6 章，第 1 章为概述；第 2 章主要介绍热工实验数据的处理方法及常用热工实验数据处理软件使用方法；第 3 章主要介绍各种热工测量仪器，包括温湿度测量仪器、热量测量仪器、压力和压差测量仪器、流速和流量测量仪器；第 4 章主要介绍红外热像仪、激光多普勒测速仪、粒子图像速度场仪、全息干涉技术等比较先进的仪器与设备测量温度场和速度场的原理与方法；第 5 章主要介绍热工理论基础系列课程的实验项目，其中每一个实验都介绍了实验目的、实验方法、实验内容、实验装置等；第 6 章介绍了热工理论基础创新性实验。

本教材注重对学生基本实验技能的训练，通过实验学会各种测量仪器的使用方法，掌握数据采集、观察、处理和分析的基本方法，培养学生运用基本理论分析解决问题的能力及学生的创新思维和创造能力。

第2章　实验数据处理及误差分析

2.1　实验数据的测量误差与测量精度

热工实验不仅要定性的观察现象，更重要的是找出有关热工物理量之间的定量关系。因此就需要进行定量的测量，以取得物理量数据的表征。对热工物理量进行测量，是热工实验中极其重要的一个组成部分。对某些物理量的大小进行测定，实验上就是将此物理量与规定的作为标准单位的同类量或可借以导出的异类物理量进行比较，得出结果，这个比较的过程就叫做测量，比较的结果记录下来就叫做实验数据。测量得到的实验数据应包含测量值的大小和单位，二者缺一不可。

2.1.1　真值和测量值

一个特定的物理量在一定条件下所具有的客观量值叫真值，用 x_0 表示。通过测量得到的结果叫测量值，用 x 表示。

测量的目的是求出被测量的真实值，然而在任何一次试验中，不管使用多么精密的仪器、测量方法多么完善，操作多么细心，由于受到计量器具本身误差和测量条件等因素的影响，都不可避免地会产生误差，使得测量结果并非真值而是测量值。因此，对于每次测量，需知道测量误差是否在允许范围内。分析研究测量误差的目的在于：找出测量误差产生的原因，并设法避免或减少产生误差的因素，提高测量的精度；其次是通过对测量误差的分析和研究，求出测量误差的大小或其变化规律，修正测量结果并判断测量的可靠性。

2.1.2　测量误差

由于受测量方法、测量仪器、测量条件以及观测者水平等多种因素的影响，只能获得该物理量的近似值，也就是说，一个被测量值 x 与真值 x_0 之间总是存在着这种差值，这种差值称为测量误差，即

$$\Delta x = x - x_0 \tag{2-1}$$

显然误差 Δx 有正负之分，因为它是指与真值的差值，常称为绝对误差。注意，绝对误差不是误差的绝对值！

绝对误差与真值之比的百分数称为相对误差 δ，即

$$\delta = \frac{\Delta x}{x_0} \times 100\% \tag{2-2}$$

相对误差是无量纲量，当被测量值不同且相差较大时，用它更能清楚地比较或反映两测量值的准确性。

以上计算式要有真值才能求出结果，而真值具有不能确定的本性，故实际中常用对被测量多次重复测量所得的平均值作为约定真值。

2.1.3　测量误差分类

按误差的性质，测量误差分为随机误差、系统误差和过失误差三类。

1. 随机误差

在相同条件下对同一量的多次重复测量过程中，各测量数据的误差值或大或小，或正或

负，其取值的大小没有确定的规律性，以不可预知方式变化的一种误差叫做随机误差，它是整个测量误差中的一个分量。这一分量的大小和符号不可预定，它的分散程度，称为精密度。

随机误差即为随机变量，具有随机变量的一切特征。它虽不具有确定的规律性，但却服从统计规律，其取值具有一定的分布特征，因而可利用概率论提供的理论和方法来研究。理论和实践表明，大量的随机误差服从正态分布。

例如，在测量过程中测量仪的不稳定造成的误差；环境条件中温度的微小变动和地基振动等所造成的误差，均属于随机误差。

2. 系统误差

在相同条件下对同一被测量的多次测量过程中，保持恒定或以可预知方式变化的测量误差叫做系统误差，即误差的绝对值和符号固定不变。按其本质被定义为：对同一被测量进行大量重复测量所得的结果的平均值，与被测量真值之差。它的大小表示测量结果对真值的偏离程度，反映测量的正确度，对测量仪器而言，可称为偏移误差。

例如，由于仪器本身存在固有缺陷（刻度不准，零点没调准等），由于环境（温度、湿度等）偏离了预计的情况等所造成的误差，均属于系统误差。

3. 过失误差

由于实验人员粗心大意造成与事实不符的误差。产生过失误差的原因包括错误读取示值；使用有缺陷的测量器具；量仪受外界振动、电磁等干扰而发生的指示突跳等都属于过失误差。

2.1.4 测量的精密度、准确度和精确度

测量的精密度、准确度和精确度都是用来评价测量结果的术语。

1. 精密度

测量精密度表示在同样测量条件下，对同一物理量进行多次测量，所得结果彼此间相互接近的程度，即测量结果的重复性、测量数据的弥散程度，因而测量精密度是测量随机误差的反映。测量精密度可用仪器的最小分度来表示，仪器最小的分度越小，所测量物理量的位数就越多，仪器精密度就越高。

2. 准确度

测量准确度表示测量结果与真值接近的程度，因而它是系统误差的反映。测量准确度高，则测量数据的算术平均值偏离真值较小，测量的系统误差小，但数据较分散，随机误差的大小不确定。它一般标在仪器上或写在仪器说明书上，如电学仪表所标示的级别就是该仪器的准确度。

3. 精确度

测量精确度则是对测量的随机误差及系统误差的综合评定。精确度高，测量数据较集中在真值附近，测量的随机误差及系统误差都比较小。

如图 2-1 所示，可用射击打靶的例子来描述三者之间的关系。

图 2-1（a）中，弹着点集中靶心。相当于系统误差和随机误差均小，即精密度和正确度都高，从而准确度亦高。

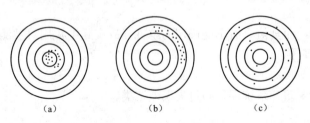

(a)　　　(b)　　　(c)

图 2-1 测量的精密度、准确度和精确度示意图

图 2-1 (b) 中，弹着点集中，但偏向一方，命中率不高。相当于系统误差大而随机误差小，即精密度高，正确度低。

图 2-1 (c) 中，弹着点全部在靶上，但分散。相当于系统误差小而随机误差大，即精密度低，正确度高。

2.2　实验数据测量误差分析

根据测量方法可分为直接测量和间接测量。直接测量就是把待测量与标准量直接比较得出结果。例如，用米尺测量物体的长度，用天平称量物体的质量，用电流表测量电流等，都是直接测量。

间接测量借助函数关系由直接测量的结果计算出所谓的物理量。例如，已知路程和时间，根据速度、时间和路程之间的关系求出的速度就是间接测量。

2.2.1　实验数据直接测量误差分析

实验数据直接测量误差分析主要包括随机误差分析和系统误差分析。

1. 随机误差分析

在实验时，测量结果因受被测对象、所用仪器、周围环境以及实验者本人情况的影响，会偏离真值而产生误差。由于影响测量结果的因素很多，它们又各自以不同的方式变动，所以对某一次具体的测量来讲，很难确定测得值与真值偏离的程度，这就使得每一个测量值的误差大小和正负具有随机性，但是在大量的重复测量时，这些误差又遵守一定的统计规律。在误差理论中常将那种测量误差的大小与正负都不确定，但在大量重复测量中它们又遵守一定统计规律的误差叫随机误差。分析随机误差问题主要是对测量数据的离散性或重复性作出定量的描述。

(1) 正态分布规律。一般实验测量结果的随机误差的出现服从正态分布规律，正态分布曲线呈对称钟形，两头小，中间大，分布曲线有最高点，即实验测量数据结果落在中间位置的概率大，落在两头的概率小。标准化的正态分布曲线如图 2-2 所示。图中横坐标 x 表示某一物理量的测量值，纵坐标表示测量值的概率密度 $f(x)$：

$$f(x) = \frac{1}{\sigma\sqrt{2\pi}}\exp\left[-\frac{(x-x_0)^2}{2\sigma^2}\right]$$

$$\sigma = \sqrt{\frac{1}{n}\sum_{i=1}^{n}(x_i-x_0)^2}$$

式中　σ——正态分布的标准偏差；

　　x_0——真值；

　　x——测量值。

从图可得出下面的结论：

随机误差绝对值相等的正负误差出现的概率相等。

绝对值大的误差出现的概率小，绝对值小的误差出现的概率大。

绝对值的有限性，绝对值大的误差出现的概率趋

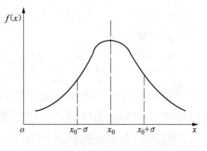

图 2-2　正态分布曲线图

近于零。因而测量中误差特大的测量值可以舍去。

由曲线的对称性可知，随机误差的总和有一定的补偿性。用公式表示为

$$\frac{1}{n}\lim_{n\to\infty}\sum_{i=1}^{n}x_i=0 \tag{2-3}$$

（2）用算术平均值表示真值。在相同条件下对某物理量进行 n 次等精度重复测量，每次的测量值分别为 x_1，x_2，$\cdots$，x_n，根据最小二乘法原理可知被测量的最佳估计量 $\overline{x}$ 应为全部测量数据的算术平均值。

$$\overline{x}=\frac{1}{n}(x_1+x_2+\cdots+x_n)=\frac{1}{n}\sum_{i=1}^{n}x_i \tag{2-4}$$

当系统误差为零时，随测量次数 n 的增加，算术平均值和真值接近，当测量次数 n 增加到无穷大时，算术平均值 $\overline{x}$ 会依概率收敛于真值 x_0。

（3）残差、误差。残差：单次测量值 x_i 与测量平均值 $\overline{x}$ 之差。即

$$\Delta x_i=x_i-\overline{x} \tag{2-5}$$

误差：单次测量值 x_i 与测量真值 x_0 之差。

（4）标准偏差和算术平均值 $\overline{x}$ 的标准偏差。

1）标准偏差。标准偏差的定义：

$$\sigma=\sqrt{\frac{1}{n}\sum_{i=1}^{n}(x_i-x_0)^2} \tag{2-6}$$

式（2-6）要求 $n\to\infty$，而实际中 n 总是有限的，而 x_0 无法求得，因此只能用 $\overline{x}$ 来估计，故由上式无法求出 σ，实际中只能用有限的测量次数的算术平均值来估算 σ 值。

$$\sigma=\sqrt{\frac{1}{n-1}\sum_{i=1}^{n}(x_i-\overline{x})^2} \tag{2-7}$$

σ 表征对同一被测量做 n 次有限测量时，其结果的分散程度。其相应的置信概率接近于68.3%，但不等于68.3%。

2）算术平均值 $\overline{x}$ 的标准偏差 $\hat{S}$。如果在相同条件下，对同一量做多组重复的系列测量，则每一系列测量都有一个算术平均值。由于随机误差的存在，两个测量列的算术平均值也不相同。它们围绕着被测量的真值（设系统误差分量为零）有一定的分散。此分散说明了算术平均值的不可靠性，而算术平均值的标准偏差 $\hat{S}$ 则是表征同一被测量的各个测量列算术平均值分散性的参数，可作为算术平均值不可靠性的评价标准。可以证明：

$$\hat{S}=\frac{\sigma}{\sqrt{n}}$$

（5）置信概率。对于正态分布的随机误差，根据概率论可计算出测量值落在 $[-\sigma,+\sigma]$ 区间的概率为

$$p\{\,|\,x_i\,|\leqslant\sigma\}=\int_{-\sigma}^{\sigma}\frac{1}{\sqrt{2\pi}}\exp\left(-\frac{\Delta x^2}{2\sigma^2}\right)\mathrm{d}(\Delta x)=0.683 \tag{2-8}$$

该结果的含义：在进行大量等精度测量时，测量值落在区间 $[x_0-\sigma,x_0+\sigma]$（该区间在概率论中称为置信区间）内的概率（在概率论中称为置信概率）为0.683。

同样可以求出随机误差落在 $[-2\sigma,+2\sigma]$，$[-3\sigma,+3\sigma]$ 区间的概率分别为0.995、0.997。$[-3\sigma,+3\sigma]$ 区间内的概率为99.7%，而落在外面的只有0.3%，即每测1000次

其误差绝对值大于 3σ 的次数仅有 3 次。因此，在有限次的测量中，就认为不会出现大于 3σ 的误差，故把 3σ 定义为极限误差，或称最大误差。

2. 系统误差分析

通常，测量结果中除随机误差外，还包含一定的系统误差，有时甚至系统误差占据主要地位，因此应对系统误差给以足够的重视。

（1）系统误差产生的原因。在测量过程中，影响测量偏离真值的所有误差因素中，只要是由确定性变化规律的因素造成的，都可以归结为系统误差，而且这些误差因素是可以设法预测的。以下介绍几种常见的系统误差来源。

1）仪器误差。由于仪器或测量工具的不完善或缺陷所造成的，例如，仪器设计原理的缺陷、电子仪器的某些器件性能达不到设计要求等。

2）调整误差。某些仪器在使用前，必须事先调整到正确的使用状态，例如，天平使用时要求调整水平状态，仪表指针初始调零，气压计要求铅直等。如果操作者没有按要求调整就进行测量，自然会使测量结果产生系统误差。

3）环境误差。由于测量时所处的周围环境，例如，温度、湿度、气压、震动、电磁场等，与使用说明书所要求的条件不一致而引起的误差。

4）理论误差。它是由于测量所依据的理论公式本身的近似性或者对测量方法不完善造成的误差。

5）人为误差。由于测量人员操作水平、技术水平不高或有视力等其他原因而造成的误差。

（2）消除系统误差的方法。

1）消除误差源法。从产生误差源上消除误差是最根本的方法，它要求测量人员对测量过程中可能产生的系统误差的各个环节进行细致分析，并在正式测量前就将误差从产生根源上加以消除。

2）加修正值法。这种方法是预先将测量器具的系统误差检定出来或计算出来，作出误差表或误差曲线，然后取与误差数值大小相同而符号相反的值作为修正值，将实际测得值加上相应的修正值，即可得到不包含该系统误差的测量结果。

3）改进测量方法。在测量过程中，根据具体的测量条件和系统误差的性质，采取一定的技术措施，选择适当的测量方法，使测得值中的系统误差在测量过程中相互抵消或补偿而不带入测量结果之中，从而实现减弱或消除系统误差的目的。

2.2.2　实验数据间接测量误差分析

对于间接测量问题，往往是通过直接测得的量与被测量之间的函数关系计算出被测量。同样，间接测得的被测量也应是直接测得量及其误差的函数。通常把通过用直接测量误差来计算间接测量误差的方法叫误差的传递。

1. 间接测量系统误差传递

设 y 为间接测得量，直接测量的物理量为 x_1，x_2，$\cdots$，x_n，它们之间的函数关系为

$$y = f(x_1, x_2, \cdots, x_n) \tag{2-9}$$

设 x_1，x_2，$\cdots$，x_n 的系统误差分别为 Δx_1，Δx_2，$\cdots$，Δx_n，并令 Δy 为间接测得量 y 的系统误差，根据多元函数微分学，当这些误差值皆小，则函数系统误差可线性近似为

$$\Delta y = \frac{\partial f}{\partial x_1}\Delta x_1 + \frac{\partial f}{\partial x_2}\Delta x_2 + \cdots + \frac{\partial f}{\partial x_n}\Delta x_n \tag{2-10}$$

式中$\frac{\partial f}{\partial x_i}(i=1, 2, \cdots, n)$为各个直接测得量在该测量点（$x_1, x_2, \cdots, x_n$）处的误差传递系数。通过上式可以由直接测量的系统误差来计算间接测量的系统误差。

2. 间接测量的随机误差传递

随机误差常用表征其取值分散程度的标准偏差来评定，对于函数的随机误差，也可用函数的标准偏差来评定。因此，函数随机误差计算的一个基本问题就是研究函数的标准偏差与各测得量值$x_1, x_2, \cdots, x_n$的标准偏差之间的关系。

设函数的一般形式为

$$y = f(x_1, x_2, \cdots, x_n) \tag{2-11}$$

各个测得量$x_1, x_2, \cdots, x_n$的随机误差分别为$\delta x_1, \delta x_2, \cdots, \delta x_n$，则上式变成

$$y + \delta y = f(x_1 + \delta x_1, x_2 + \delta x_2, \cdots, x_n + \delta x_n) \tag{2-12}$$

假设y随$x_i(i=1, 2, \cdots, n)$连续变化，且各个误差δx_i都很小，因此可以将函数展开成泰勒级数，并取其一阶项作为近似值，可得

$$y + \delta y = f(x_1, x_2, \cdots, x_n) + \frac{\partial f}{\partial x_1}\delta x_1 + \frac{\partial f}{\partial x_2}\delta x_2 + \cdots + \frac{\partial f}{\partial x_n}\delta x_n \tag{2-13}$$

这样就得到

$$\delta y = \frac{\partial f}{\partial x_1}\delta x_1 + \frac{\partial f}{\partial x_2}\delta x_2 + \cdots + \frac{\partial f}{\partial x_n}\delta x_n \tag{2-14}$$

若已知$x_1, x_2, \cdots, x_n$的标准偏差分别为$\sigma_{x1}, \sigma_{x2}, \cdots, \sigma_{xn}$，它们之间的协方差为$D_{ij} = \rho_{ij}\sigma_{xi}\sigma_{xj}(i, j=1, 2, \cdots n)$。根据随机变量函数的方差计算公式，可得$y$的标准偏差$\sigma_y$为

$$\sigma_y^2 = \left(\frac{\partial f}{\partial x_1}\right)^2\sigma_{x1}^2 + \left(\frac{\partial f}{\partial x_2}\right)^2\sigma_{x2}^2 + \cdots + \left(\frac{\partial f}{\partial x_n}\right)^2\sigma_{xn}^2 + 2\sum_{1\leqslant i<j}^{n}\left(\frac{\partial f}{\partial x_i}\frac{\partial f}{\partial x_j}D_{ij}\right) \tag{2-15}$$

根据上式，可由各个测得量的标准偏差计算出函数的标准偏差，故称该式为函数随机误差的传递公式。

若各测量值的随机误差是相互独立的，相关项$D_{ij}=\rho_{ij}=0$，则上式可简化为

$$\sigma_y^2 = \left(\frac{\partial f}{\partial x_1}\right)^2\sigma_{x1}^2 + \left(\frac{\partial f}{\partial x_2}\right)^2\sigma_{x2}^2 + \cdots + \left(\frac{\partial f}{\partial x_n}\right)^2\sigma_{xn}^2 \tag{2-16}$$

2.3 实验数据处理与整理

2.3.1 实验异常数据的剔除

在一组测定值中，常发现其中某个测定值明显比其余的测定值大得多或小得多。对于这个测定值首先必须设法探寻其出现的原因。在判明其是否合理之前，既不能轻易保留，亦不能随意舍弃。由于各种原因（如粗心大意等），若不能找出这个测定值的确切来源，可借助统计检验的方法来决定取舍。其基本方法是作出相应于某一数据的统计量，当该统计量超出一定范围，则认为相应的测量数据不服从正常分布而属异常数据，剔除测量值中异常数据的标准有几种，有$3\sigma_x$准则、肖维准则、格拉布斯准则等。

1. $3\sigma_x$准则

对某量进行n次等精度的重复测量，得$x_1, x_2, \cdots, x_n$，则任一数据x_i相应的残差

Δx_i 为

$$\Delta x_i = |\, x_i - \overline{x}\, | \tag{2-17}$$

其标准偏差为

$$\sigma = \sqrt{\frac{1}{n-1}\sum_{i=1}^{n}(x_i - \overline{x})^2} \tag{2-18}$$

　　统计理论表明，测量值的残差超过 3σ 的概率已小于 1%。因此，可以认为残差超过 3σ 的测量值是其他因素或过失造成的，为异常数据，应当剔除。剔除的方法是将多次测量所得的一系列数据，算出各测量值的残差 Δx_i 和标准偏差 σ，把其中最大的 Δx_i 与 3σ 比较，若 $\Delta x_i > 3\sigma$，则认为第 i 个测量值是异常数据，舍去不计。剔除 x_i 后，对余下的各测量值重新计算残差和标准偏差，并继续审查，直到各个残差均小于 3σ 为止。

　　2. 肖维准则

　　假定对一物理量重复测量了 n 次，其中某一数据在这 n 次测量中出现的几率不到半次，即小于 $\dfrac{1}{2n}$，则可以肯定这个数据的出现是不合理的，应当予以剔除。

　　根据肖维准则，采用随机误差的统计理论可以证明，在标准误差为 σ 的测量值中，若某一个测量值的残差等于或大于误差的极限值 K_σ，则此值应当剔出。不同测量次数的误差极限值 K，见表 2-1。

表 2-1　　　　　　　　　　　　　　肖维系数表

n	K_σ	n	K_σ	n	K_σ
4	1.53σ	10	1.96σ	16	2.16σ
5	1.65σ	11	2.00σ	17	2.18σ
6	1.73σ	12	2.04σ	18	2.20σ
7	1.79σ	13	2.07σ	19	2.22σ
8	1.86σ	14	2.10σ	20	2.24σ
9	1.92σ	15	2.13σ	30	2.39σ

　　3. 格拉布斯准则

　　假定对一物理量重复测量了 n 次，得 x_1，x_2，$\cdots$，x_n，设测量误差服从正常分布，若某数据 x_i 满足下式，则认为 x_i 含有过失误差，应剔除。

$$g_{(i)} = \frac{|\, x_i - \overline{x}\, |}{\sigma} \geqslant g_{0(n,a)} \tag{2-19}$$

式中　$g_{(i)}$——数据 x_i 的统计量；

　　　$g_{0(n,a)}$——统计量 $g_{(i)}$ 的临界值，它依测量次数 n 及显著度 a 而定，其值见表 2-2；

　　　a——显著度，为判断出现的概率，a 值根据具体问题选择。即当 x_i 满足式（2-19），但不含过失误差的概率为

$$a = p\left[\frac{|\, x_i - \overline{x}\, |}{\sigma} \geqslant g_{0(n,a)}\right] \tag{2-20}$$

这就是格拉布斯准则。

2.3.2　实验测量结果的处理

　　热工实验中测量得到的许多数据需要处理后才能表示测量的最终结果。用简明而严格的

方法把实验数据所代表的事物内在规律性提炼出来就是数据处理。数据处理的目的是要恰当地处理测量所得的数据，最大限度地减少测量误差的影响，以便给出一个尽可能精确的结果，并对这一结果的精确度作出评价。

通过对同一量进行多次等精度的测量，得到一组数据 x_1，x_2，$\cdots$，x_n，按算术平均原理处理，所得结果比较精确，即测量的随机误差的影响最小。其处理的一般过程：

（1）将测量得到的数据 x_1，x_2，$\cdots$，x_n 排列成表。

（2）求出测量数据的算术平均值 $\overline{x}$

$$\overline{x} = \frac{1}{n} \sum_{i=1}^{n} x_i \tag{2-21}$$

（3）求出对应的残差 Δx_i

$$\Delta x_i = x_i - \overline{x} \tag{2-22}$$

（4）求出其标准偏差

$$\sigma = \sqrt{\frac{1}{n-1} \sum_{i=1}^{n} (x_i - \overline{x})^2} \tag{2-23}$$

表 2-2 格拉布斯准则表

$g_{0(n,a)}$ \ a \ n	0.01	0.05	$g_{0(n,a)}$ \ a \ n	0.01	0.05
3	1.16	1.15	17	2.78	2.48
4	1.49	1.46	18	2.82	2.50
5	1.75	1.67	19	2.85	2.53
6	1.94	1.82	20	2.88	2.56
7	2.10	1.94	21	2.91	2.58
8	2.22	2.03	22	2.94	2.60
9	2.32	2.11	23	2.96	2.62
10	2.41	2.18	24	2.99	2.64
11	2.48	2.23	25	3.01	2.66
12	2.55	2.28	30	3.10	2.74
13	2.61	2.33	35	3.18	2.81
14	2.66	2.37	40	3.24	2.87
15	2.70	2.41	50	3.34	2.96
16	2.75	2.44	100	3.59	3.17

（5）判断有无异常数据。如发现有异常数据，则剔除这一数据，然后重复（1）～（4）步骤再判断有无异常数据，一直到无异常数据为止。

（6）剔除异常数据后，计算出算术平均值的标准偏差 $\hat{S}$

$$\hat{S} = \frac{\sigma}{\sqrt{n}} \tag{2-24}$$

式中 n——不包括异常数据的测量次数。

（7）确定平均值的有效数位。

（8）写出测量结果的表达式，即 $x = \overline{x} \pm \hat{S}$（置信度 68.3%）或 $x = \overline{x} \pm 3\hat{S}$（置信度

99.7%）。

2.3.3　实验数据整理方法概述

实验数据整理的一般方法有列表法、图解法、公式法。

1. 列表法

列表法是将实验数据制成表格，它显示了各变量间的对应关系，反映出变量之间的变化规律，它是绘制曲线的基础。对一个物理量进行多次测量或研究几个量之间的关系时，往往借助于列表法把实验数据列成表格。其优点是，使大量数据表达清晰醒目，条理化，易于检查数据和发现问题，避免差错，同时有助于反映出物理量之间的对应关系。

2. 图解法

图解法是将实验数据绘制成曲线，它直观地反映出变量之间的关系。在报告与论文中几乎都能看到，而且为整理成数学模型（方程式）提供了必要的函数形式。图线能够直观地表示实验数据间的关系，找出物理规律，因此图解法是数据处理的重要方法之一。

3. 公式法

公式法是借助于数学方法将实验数据按一定函数形式整理成方程即数学模型。

2.3.4　实验数据整理的列表法

列表没有统一的格式，但所设计的表格要能充分反映上述优点，并应注意以下几点：

（1）各栏目均应注明所记录的物理量的名称（符号）和单位。

（2）栏目的顺序应充分注意数据间的联系和计算顺序，力求简明、齐全、有条理。

（3）表中的原始测量数据应正确反映有效数字，数据不能随便涂改，确实要修改数据时，应将原来数据画条杠以备随时查验。

（4）对于函数关系的数据表格，应按自变量由小到大或由大到小的顺序排列，以便于判断和处理。

实验记录表（流体力学）见表 2-3，计算结果表见表 2-4。

表 2-3　　　　　　　　　　　　　**实验记录表（流体力学）**

设备编号_____　　管径_____　　管长_____　　管件_____　　水温度_____　　仪表常数_____

序号	数字电表读数（N/S）	直管阻力压差计读数		局部阻力差计读数	
		左（mm）	右（mm）	左（mm）	右（mm）
0					
1					

表 2-4　　　　　　　　　　　　　　　　　**计算结果表**

序号	流量(m³/s)	u(m/s)	$Re \times 10^4$	H_f(mmH2o)	λ	H_j(mmH2O)	ξ
1							
2							
3							

2.3.5　实验数据整理的图解法

图解法处理数据，首先要画出合乎规范的图线，其要点如下。

1. 选择图纸

图纸有直角坐标纸（即毫米方格纸）、对数坐标纸和极坐标纸等，根据作图需要选择。

2. 曲线改直

由于直线最易描绘，且直线方程的两个参数（斜率和截距）也较易算得。所以对于两个变量之间的函数关系是非线性的情形，在用图解法时应尽可能通过变量代换将非线性的函数曲线转变为线性函数的直线。下面为几种常用的变换方法。

（1）$xy=c$（c 为常数）。令 $z=\dfrac{1}{x}$，则 $y=cz$，即 y 与 z 为线性关系。

（2）$x=c\sqrt{y}$（c 为常数）。令 $z=x^2$，则 $y=\dfrac{1}{c^2}z$，即 y 与 z 为线性关系。

（3）$y=ax^b$（a 和 b 为常数）。等式两边取对数得，$\lg y=\lg a+b\lg x$。于是，$\lg y$ 与 $\lg x$ 为线性关系，b 为斜率，$\lg a$ 为截距。

（4）$y=ae^{bx}$（a 和 b 为常数）。等式两边取自然对数得，$\ln y=\ln a+bx$。于是，$\ln y$ 与 x 为线性关系，b 为斜率，$\ln a$ 为截距。

3. 确定坐标比例与标度

合理选择坐标比例是作图法的关键所在。作图时通常以自变量做横坐标（x 轴），因变量做纵坐标（y 轴）。坐标轴确定后，用粗实线在坐标纸上描出坐标轴，并注明坐标轴所代表物理量的符号和单位。

坐标比例确定后，应对坐标轴进行标度，即在座标轴上均匀地（一般每隔 2cm）标出所代表物理量的整齐数值，标记所用的有效数字位数应与实验数据的有效数字位数相同。标度不一定从零开始，一般用小于实验数据最小值的某一数作为坐标轴的起始点，用大于实验数据最大值的某一数作为终点，这样图纸可以被充分利用。

4. 数据点的标出

实验数据点在图纸上用"＋"符号标出，符号的交叉点正是数据点的位置。若在同一张图上做几条实验曲线，各条曲线的实验数据点应该用不同符号（如×、⊙等）标出，以示区别。

5. 曲线的描绘

由实验数据点描绘出平滑的实验曲线，连线要用透明直尺或三角板、曲线板等拟合。根据随机误差理论，实验数据应均匀分布在曲线两侧，与曲线的距离尽可能小。个别偏离曲线较远的点，应检查标点是否错误，若无误则表明该点可能是错误数据，在连线时不予考虑。对于仪器仪表的校准曲线和定标曲线，连接时应将相邻的两点连成直线，整个曲线呈折线形状。

6. 注解与说明

在图纸上要写明图线的名称、坐标比例及必要的说明（主要指实验条件），并在恰当地方注明作者姓名、日期等。

7. 直线图解法求待定常数

直线图解法首先是求出斜率和截距，进而得出完整的线性方程。其步骤如下：

（1）选点。在直线上紧靠实验数据两个端点内侧取两点 $A(x_1, y_1)$、$B(x_2, y_2)$，并用不同于实验数据的符号标明，在符号旁边注明其坐标值（注意有效数字）。若选取的两点距离较近，计算斜率时会减少有效数字的位数。这两点既不能在实验数据范围以外取点，因为它已无实验根据，也不能直接使用原始测量数据点计算斜率。

（2）求斜率。设直线方程为 $y=a+bx$，则斜率为

$$b = \frac{y_2 - y_1}{x_2 - x_1} \tag{2-25}$$

（3）求截距。截距的计算公式为

$$a = y_1 - bx_1 \tag{2-26}$$

例：薛伍德（Sherwood）利用七种不同流体对流过圆形直管的强制对流传热进行研究，并取得大量数据，采用幂函数形式进行处理，其函数形式为

$$Nu = BRe^m Pr^n \tag{2-27}$$

式中 Nu 随 Re 及 Pr 数而变化，将上式两边取对数，采用变量代换，使之化为二元线性方程形式

$$\lg Nu = \lg B + m\lg Re + n\lg Pr \tag{2-28}$$

令 $y=\lg Nu$；$x_1=\lg Re$；$x_2=\lg Pr$；$a=\lg B$，上式即可表示为二元线性方程式：

$$y = a + mx_1 + nx_2 \tag{2-29}$$

现将（2-28）式改写为以下形式，确定常数 n（固定变量 Re 值，使 Re 为常数，自变量减少一个）。

$$\lg Nu = (\lg B + m\lg Re) + n\lg Pr \tag{2-30}$$

薛伍德将 $Re=10^4$ 时七种不同流体的实验数据在双对数坐标纸上标绘 Nu 和 Pr 之间的关系如图 2-3（a）所示。实验表明，不同 Pr 数的实验结果，基本上是一条直线，用这条直线确定 Pr 准数的指数 n，然后在不同 Pr 数及不同 Re 数下实验，按下式图解法求解：

$$\lg(Nu/Pr^n) = \lg B + m\lg Re \tag{2-31}$$

以 Nu/Pr^n 对 Re 数，在双对数坐标纸上作图，标绘出一条直线如图 2-3（b）所示。由这条直线的斜率和截距决定 B 和 m 值。这样，经验公式中的所有待定常数 B、m 和 n 均被确定。

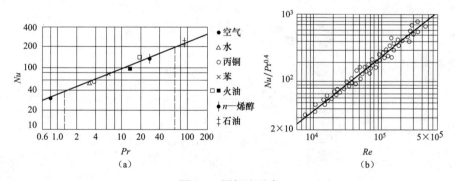

图 2-3　图解法示意

（a）$Re=10^4$ 时 $Nu\sim Pr$ 关系图；（b）$Nu/Pr^{0.4}\sim Re$ 关系图

2.3.6　实验数据整理的公式法

1. 一元线性回归

回归分析是处理变量间相关关系的数理统计方法，是通过对一定数量的测量数据进行统计，以找出变量间相互依赖的统计规律。一元线性回归是处理随机变量和变量之间线性相关关系的一种方法，也就是通常所说的为测量数据配一条直线，或直线拟合等。由一组实验数据拟合出一条最佳直线，常用的方法是最小二乘法。设物理量 y 和 x 之间满足线性关系，

则函数形式为

$$y = a + bx \qquad (2\text{-}32)$$

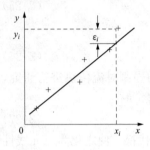

图 2-4 y_i 的测量偏差

最小二乘法就是要用实验数据来确定方程中的待定常数 a 和 b，即直线的斜率和截距。

我们讨论最简单的情况，即每个测量值都是等精度的，且假定 x 和 y 值中只有 y 有明显的测量随机误差。如果 x 和 y 均有误差，只要把误差相对较小的变量作为 x 即可。由实验测量得到一组数据为 $(x_i, y_i; i=1, 2, \cdots, n)$，其中 $x=x_i$ 时对应的 $y=y_i$。由于测量总是有误差的，我们将这些误差归结为 y_i 的测量偏差，并记为 ε_1，ε_2，$\cdots$，ε_n，如图 2-4 所示。这样，将实验数据 (x_i, y_i) 代入方程 $y=a+bx$ 后，得到

$$\left.\begin{array}{l} y_1 - (a + bx_1) = \varepsilon_1 \\ y_2 - (a + bx_2) = \varepsilon_2 \\ \vdots \\ y_n - (a + bx_n) = \varepsilon_n \end{array}\right\} \qquad (2\text{-}33)$$

我们要利用上述的方程组来确定 a 和 b，那么 a 和 b 要满足什么要求呢? 显然，比较合理的 a 和 b 是使 ε_1，ε_2，$\cdots$，ε_n 数值上都比较小。但是，每次测量的误差不会相同，反映在 ε_1，ε_2，$\cdots$，ε_n 大小不一，而且符号也不尽相同。所以只能要求总的偏差最小，即

$$\sum_{i=1}^{n} \varepsilon_i^2 \rightarrow \min \qquad (2\text{-}34)$$

令

$$S = \sum_{i=1}^{n} \varepsilon_i^2 = \sum_{i=1}^{n} (y_i - a - bx_i)^2 \qquad (2\text{-}35)$$

使 S 为最小的条件是

$$\frac{\partial S}{\partial a} = 0, \frac{\partial S}{\partial b} = 0, \frac{\partial^2 S}{\partial a^2} > 0, \frac{\partial^2 S}{\partial b^2} > 0 \qquad (2\text{-}36)$$

由一阶微商为零得

$$\left.\begin{array}{l} \dfrac{\partial S}{\partial a} = -2 \sum_{i=1}^{n} (y_i - a - bx_i) = 0 \\[3mm] \dfrac{\partial S}{\partial b} = -2 \sum_{i=1}^{n} (y_i - a - bx_i)x_i = 0 \end{array}\right\} \qquad (2\text{-}37)$$

解得

$$a = \frac{\displaystyle\sum_{i=1}^{n} x_i \sum_{i=1}^{n} (x_i y_i) - \sum_{i=1}^{n} x_i^2 \sum_{i=1}^{n} y_i}{\left(\displaystyle\sum_{i=1}^{n} x_i\right)^2 - n \sum_{i=1}^{n} x_i^2} \qquad (2\text{-}38)$$

$$b = \frac{\displaystyle\sum_{i=1}^{n} x_i \sum_{i=1}^{n} y_i - n \sum_{i=1}^{n} (x_i y_i)}{\left(\displaystyle\sum_{i=1}^{n} x_i\right)^2 - n \sum_{i=1}^{n} x_i^2} \qquad (2\text{-}39)$$

令 $\overline{x} = \frac{1}{n}\sum_{i=1}^{n}x_i, \overline{y} = \frac{1}{n}\sum_{i=1}^{n}y_i, \overline{x}^2 = \left(\frac{1}{n}\sum_{i=1}^{n}x_i\right)^2, \overline{x^2} = \frac{1}{n}\sum_{i=1}^{n}x_i^2, \overline{xy} = \frac{1}{n}\sum_{i=1}^{n}(x_iy_i),$ 则

$$a = \overline{y} - b\overline{x} \tag{2-40}$$

$$b = \frac{\overline{x} \cdot \overline{y} - \overline{xy}}{\overline{x}^2 - \overline{x^2}} \tag{2-41}$$

如果实验是在已知 y 和 x 满足线性关系下进行的,那么用上述最小二乘法线性拟合(又称一元线性回归)可解得斜率 a 和截距 b,从而得出回归方程 $y=a+bx$。如果实验是要通过对 x、y 的测量来寻找经验公式,则还应判断由上述一元线性拟合所确定的线性回归方程是否恰当。这可用下列相关系数 r 来判别

$$r = \frac{\overline{xy} - \overline{x} \cdot \overline{y}}{\sqrt{(\overline{x^2} - \overline{x}^2)(\overline{y^2} - \overline{y}^2)}} \tag{2-42}$$

其中 $\overline{y}^2 = \left(\frac{1}{n}\sum_{i=1}^{n}y_i\right)^2$,$\overline{y^2} = \frac{1}{n}\sum_{i=1}^{n}y_i^2$。

可以证明,$|r|$ 值总是在 0 和 1 之间。$|r|$ 值越接近 1,说明实验数据点密集地分布在所拟合的直线的近旁,用线性函数进行回归是合适的。$|r|=1$ 表示变量 x、y 完全线性相关,拟合直线通过全部实验数据点。$|r|$ 值越小线性越差,一般 $|r| \geqslant 0.9$ 时可认为两个物理量之间存在较密切的线性关系,此时用最小二乘法直线拟合才有实际意义。

2. 利用线性变换的一元线性回归

在实验中,还会经常遇到两变量为非线性的关系,即某种曲线关系的问题,有些问题可通过变量代换,化曲线回归问题为直线回归问题,这样就可以用求解一元线性回归方程的方法对其求解。

选择曲线类型常用的方法是:一种是根据专业理论知识和以往的经验来选取;另一种是根据测量数据在坐标纸上描出大致的曲线图形,然后与典型曲线对比,选择最靠近的典型曲线作为该拟合曲线的类型。如图 2-5～图 2-10 所示是一些典型的可线性化的二变量曲线。

(1) 双曲线 $\frac{1}{y} = a + \frac{b}{x}$。

转换关系　$y' = \frac{1}{y}, x' = \frac{1}{x}$

则有

$$y' = a + bx'$$

(2) 幂函数 $y = ax^b$。

转换关系　$y' = \lg y, x' = \lg x, a' = \lg a$

则有

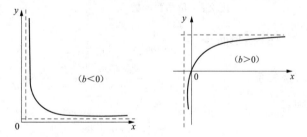

图 2-5　双曲线函数

$$y' = a' + bx'$$

(3) 指数函数 $y = ax^{bx}$。

转换关系　　　　　　　　　　　　　　$y' = \ln y, a' = \ln a$

则有

$$y' = a' + bx$$

(4) 负指数函数 $y = ae^{\frac{b}{x}}$。

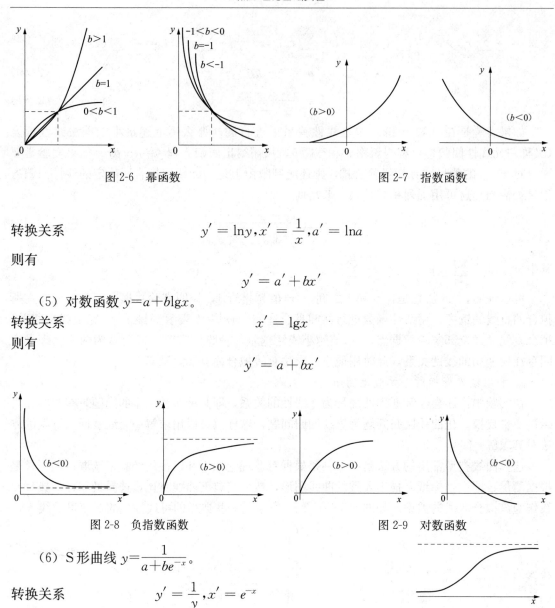

图 2-6　幂函数　　　　　　　　　　　图 2-7　指数函数

转换关系　　　　　　　　　$y' = \ln y, x' = \dfrac{1}{x}, a' = \ln a$

则有

$$y' = a' + bx'$$

（5）对数函数 $y = a + b\lg x$。

转换关系　　　　　　　　　$x' = \lg x$

则有

$$y' = a + bx'$$

图 2-8　负指数函数　　　　　　　　　图 2-9　对数函数

（6）S 形曲线 $y = \dfrac{1}{a + be^{-x}}$。

转换关系　　　　　$y' = \dfrac{1}{y}, x' = e^{-x}$

则有

图 2-10　S 形曲线

$$y' = a + bx'$$

2.4　热工数据处理及误差分析常用软件

2.4.1　Excel 在热工测量数据处理中的应用

1. Excel 功能简介

Microsoft Excel 是目前最佳的电子表格软件之一，它使电子表格软件的功能、操作的简易性，都进入了一个新的境界。系统具有人工智能的特性，可以在某些方面判断用户下一步的操作，使操作大为简化。

Microsoft Excel 具有强大的数据计算与分析功能，可以把数据用各种统计图的形式形象地表示出来，被广泛地应用于财务、金融、经济、审计和统计等众多领域。可以这样认为，Microsoft Excel 的出现，取代了过去需要多个系统才能完成的工作，必将在以后的工作中起到越来越大的作用。其主要有以下七个方面的功能。

（1）表格制作。

（2）强大的计算功能。

（3）丰富的图表。

（4）数据库管理。

（5）分析与决策。

（6）数据共享与 Internet。

（7）开发工具 Visual Basic。

在热工实验数据处理中，我们经常用到的是该功能的前 3 项。例如，将实验数据制成表格，对实验数据进行处理及计算，将热工产品的需求信息制成图表等。

2. Excel 工作表的建立

进入 Excel 时总是打开一个新的工作簿，工作簿上的第一张工作表显示在屏幕上。在工作表上操作的基本单位是单元格。每个单元格以它们的列头字母和行头组成地址名字，如 A1，A2，…，B1，B2…。同一时刻，只有一个单元为活动单元，它被粗框框住。它的名字或它所在的区域的名字出现在名字框中。所有有关的编辑操作（如输入、修改）只对当前单元起作用。初始状态每个单元格为 8 个字符宽，以后根据需要修改宽度与高度。用户可以输入文字、数字、时间、日期或公式到单元格中去。在输入或编辑时该单元格的内容同时显示在公式栏中，若输入的是公式，回车前两处是相同的公式，回车后公式栏中为原公式，而单元格中为公式计算的结果。下面以一组某材料导热系数测定实验的数据为例（见表 2-5），说明 Excel 工作表的输入方法。

表 2-5　　　　　　　　　　　某材料导热系数测定实验数据记录

时间（s）	加热功率（W）	温度（℃）	备注	时间（s）	加热功率（W）	温度（℃）	备注
0	10	29.6		4	10	36.7	
1	10	32.2		5	10	37.4	
2	10	33.3		6	10	39.2	
3	10	35.3					

输入以键盘输入为主。当出现输入错误时，使用退格键；使用 Del 键删除当前单元的内容或区域的内容，使用 Esc 键解除误操作。当单元输入结束时，使用回车键转入下面的单元。

（1）各种方式启动 Excel，单元 A1 单元，使其成为当前单元格，输入"导热系数测定实验数据记录表"，回车。

（2）单击 E2 单元，使其成为当前单元格，输入"2012.10.8"，回车。

（3）单击 A3 单元，使其成为前单元格，输入"时间"，回车，然后依次输入"温度、加热功率、备注"，回车（如图 2-11 所示）。

（4）单击 A4 单元，使其成为当前单元格，输入"0"，回车。然后依次输入各种实验数据，完成整个表格的数据输入。

图 2-11　Excel 表格的建立

需要注意的是，在上述表格所有内容的输入过程中，每输完一个单元格的内容，需回车一次。每一次回车，系统自动将同一列的下一单元作为当前单元，如果某一列的内容已输完要换列，则需要利用鼠标重新选取，这对表格数据输入的速度造成了影响。为了能够通过回车连续地输完表格的所有数据，可以通过选择区域的方法，达到连续输入数据的目的。

仍以上面的工作表为例，其步骤如下。

（1）点击 A4 单元格，按住鼠标左健不放，将其拖到 C10，放开。这时所选择的区域颜色反转（如图 2-12 所示）。

（2）输入"0"，回车；依次输入"1、2、3、4、5、6"，每输入一个数字回一次车，当输入 6 后回车时，系统将自动跳到 B4 单元格，而不是 A11 单元格（如图 2-13 所示）。

图 2-12　输入区域的选择　　　　　　图 2-13　自动换列

（3）按照上面的方法输完所有内容，鼠标在其他空白处点击一下，系统就释放选择的区域。

3. Excel 表格中数据的处理

在以上数据的实验中，发现材料的温度是随时间改变的，如果只要求各个时间的简单平均值，则可以通过以下方法求取。

（1）点击 B11 单元（作为存放平均值的单元），然后点击工具栏中的"fx"在弹出的"插入函数"对话框中中选择"AVERAGE"，点击确定（如图 2-14 所示）。

（2）在弹出的对话框中，检查要求平均值的数据范围是否为 B4：B10，如果不是所希望的数据范围，可重新修改输入（如图 2-15 所示）。

（3）数据范围检查无误后，点击对话框中的确定，B11 单元就会显示平均值 34.81428571。

图 2-14　平均值函数的选择

4. 利用自编公式进行计算

如果实验中测量数据的间隔不是均匀的，那么，简单地利用上面求平均值的公式所求得的平均浓度和实际平均值将会相差很大，这时，需要进行积分计算，其公式如下。

$$\bar{C} = \frac{\int TW\mathrm{d}t}{\int W\mathrm{d}t} \qquad (2\text{-}43)$$

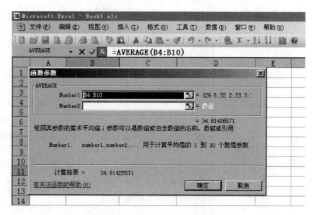

图 2-15　平均值计算对话框

由于实验数据点是离散的，将上面的积分公式离散化，并考虑到流量不随时间改变这个特点，可得离散化的公式如下。

$$\bar{C} = \sum_{i=0}^{6} \frac{T_i + T_{i+1}}{2} \times (t_{i+1} - t_i)/(t_6 - t_0) \qquad (2\text{-}44)$$

具体的编程计算操作如下。

	A	B	C	D	E
1	导热系数测定实验数据记录表				
2				2012.10.8	
3	时间	温度/℃	加热功率/W	备注	
4	0	29.6	10	=(B5+B4)*(A5-A4)/2	
5	1	32.2	10		
6	2	33.3	10		
7	3	35.3	10		
8	4	36.7	10		
9	5	37.4	10		
10	6	39.2	10		
11		34.81428571			
12					
13					
14					
15					

图 2-16　自编公式计算

（1）点击 D4 单元，在公式编辑栏中输入"＝(B5＋B4)×(A5－A4)/2"，回车（如图 2-16 所示）。

（2）回车后，D4 单元格中将显示计算结果，然后点击 D4 单元格，鼠标移到该单元格右下方的"＋"处，按住鼠标左键，拖到 D9 处放开，这时会看到从 D4 到 D9 都充满了数据，其计算公式都是仿照 D4 的（如图 2-17 所示）。

（3）点击 D10 单元格（作

为存放平均的单元），然后点击工具栏中的"fx"，选择"SUM"，并在公式编辑栏里再输入"/6"（如图 2-18 所示），然后回车，在 D10 单元格中就显示出最后的计算结果为 34.8833333。

　　Excel 除了上面介绍的计算功能之外，还有许多其他计算功能，读者可以借助其他专用书籍，来解决热工实验数据处理中的各种问题，在此不再做详细介绍。

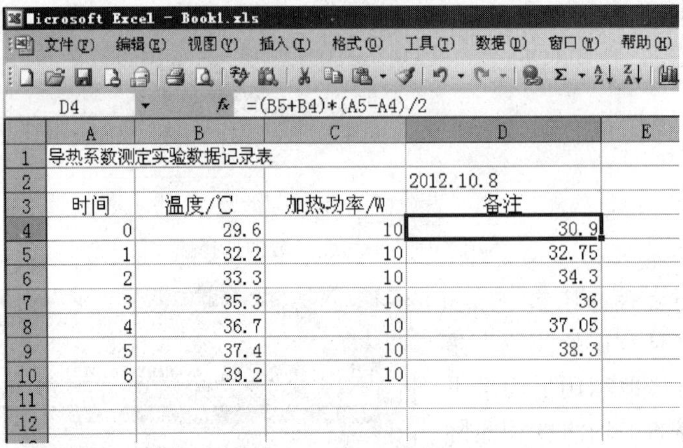

图 2-17　填充计算

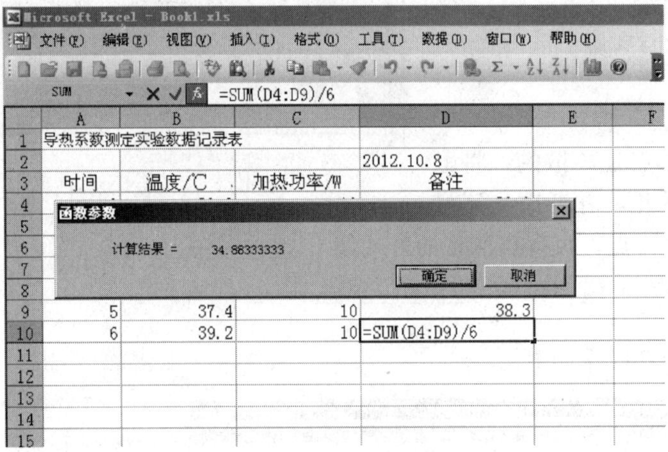

图 2-18　求和与除法的混合计算

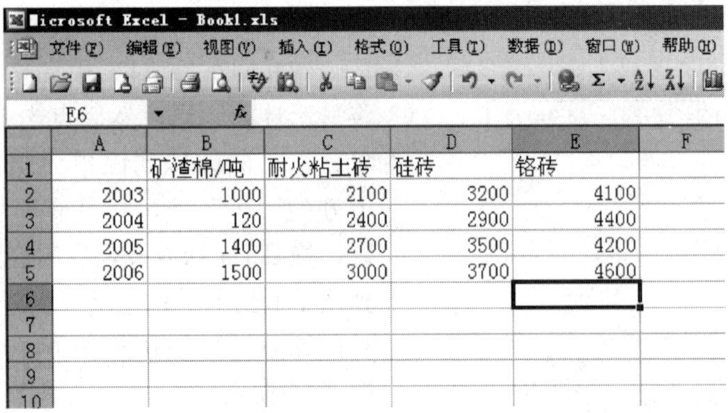

图 2-19　保温材料销售量数据

5. Excel 图表的建立

　　利用 Excel 可以建立丰富的图表，这对于表示热工实验数据、保温材料销售信息、保温材料需求信息是十分有用的。通过图表，能直观形象地反应各种情况。下面以 4 种保温材料年销售量为例，来说明图表的制作。首先看其数据（如图 2-19 所示）。

　　为了形象地表示各种产品

销售情况的变化趋势，确定下一年的生产计划，需要将上述数据用图表的形式表达出来。其具体的步骤如下。

（1）将所有的数据及文字输入。

（2）点击菜单栏中的"插入（I）"，在其下拉式菜单中选择"图表"，或者直接在工具栏中选择"图表"，这时系统自动进入图表向导（一）（如图 2-20 所示），选择合适的图表，点击"下一步"。

（3）弹出图表向导（二）（如图 2-21 所示），选择图表数据范围，鼠标移到 A1 单元格，按下鼠标左键，拖放至 F5，点击"下一步"。

图 2-20　图表向导（一）

图 2-21　图表向导（二）

（4）弹出图表向导（三）（如图 2-22 所示），可输入图表标题、X 轴及 Y 轴名称，也可不输，直接点击"下一步"。

（5）弹出图表向导（四）（如图 2-23 所示），选择第二项，作为图表直接插入，点击"完成"。

（6）这时在屏幕上显示的图表和原来预览见到的不一样（如图 2-24 所示），可以通过双击图表中的字体，在系统弹出的对话框中将字号选为 10 就可以了（如图 2-25 所示），这

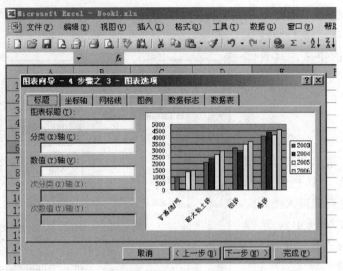

图 2-22　图表向导（三）

图 2-23　图表向导（四）

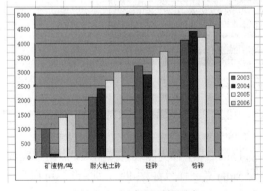

图 2-24　初次得到的图表

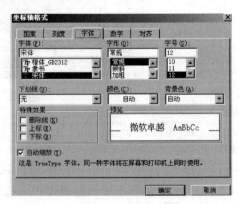

图 2-25　字体的选择

时屏幕显示的表格变成如图 2-26 所示的
样式。

Excel 还有其他许多图表的功能，在这
里只是一个简单的介绍，要想进一步深入学
习，需参考其他书籍。

2.4.2　Origin 在热工测量数据处理中的应用

1. Origin 简介

Origin 是美国 Microcal 公司推出的实
验数据分析和绘图软件。可运行于 Win-
dows 2000/XP/2003 等平台。自从推出 Ori-
gin1.0 版本以来，目前已推出 Origin8.5 版

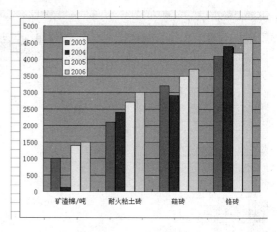

图 2-26　最后的图表

本。Origin 功能强大，在各国科技工作者中使用较为普遍，当前全世界有数以万计的科学和
工程技术人员使用 Origin 软件，该软件被认为是最快、最灵活、使用最容易的工程绘图软
件。对于热工测量实验数据的处理十分有用。主要有以下功能。

(1) 将实验数据自动生成在二维坐标中的图表上，有利于对实验趋势的判断。

(2) 在同一幅图中可以画上多条实验曲线，有利于对不同的实验数据进行比较研究。

(3) 不同的实验曲线可以选择不同的线型，并且可将实验点用不同的符号表示。

(4) 可对坐标轴名称进行命名，并可进行字体大小及型号的选择。

(5) 可将实验数据进行各种不同的回归计算，自动打印出回归方程及各种偏差。

(6) 可将生成的图形以多种形式保存，以便在其他文件中应用。

(7) 可使用多个坐标轴，并可对坐标轴位置、大小进行自由选择。

总之，Origin 是一个功能十分齐全的软件，对于绘制热工测量实验曲线与绘图，进行实
验数据拟合都非常有用。

2. Origin 的基本操作

(1) Origin 的安装。Microcal Origin 是 Windows 平台下用于数据分析、项目绘图的软
件，它功能强大，在学术研究领域里有很广的应用范围。目前，Origin 的最高版本为 8.5
版，而且无中文版面世。本文以"Origin 6.0 Professional"，即"Origin 6.0 英文专业版"
作为软件平台进行讲解。

在使用以前，首先要把 Origin 安装到本地硬盘上。Origin 的安装非常简单，在安装目
录内找到可执行文件"Setup.EXE"，双击，则启动安装向导，安装向导可引导你完成安装

图 2-27　Origin 图标

过程。安装好 Origin 软件后，将其拖到桌面，以利于以后使用。拖到
桌面后的图标如图 2-27 所示。

(2) 数据输入。输入数据是 Origin 绘图的第一步。有几种不同的
输入方法，下面介绍其主要步骤。

1) 打开已装有 Origin 软件的电脑，双击带有 Origin 字样的图标，
电脑就进入如图 2-28 所示的界面。

2) 图 2-28 是直接输入数据界面，在此界面上只有两列数据输入项，用鼠标点击某一单
元格，输入数据，回车。如果数据输错了，可重新输入，其方法和 Excel 相仿。如果实验数

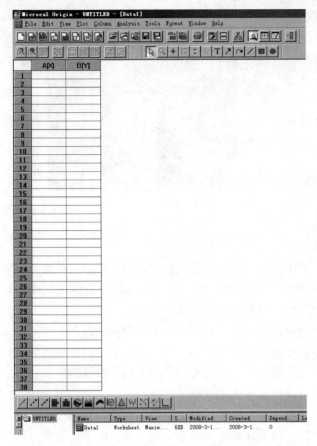

图 2-28　直接数据输入界面

据多于两列，则可将鼠标移到"Column"处点击，在其下拉菜单中选择"Add New Columns"项，弹出如图 2-29 所示的对话框，输入要增加的数据列数，单击"确定"。然后将所有的实验数据输入表格中。

3）除了直接输入数据以外，也可以将在其他程序计算和测量中获取的数据直接引用过来。点击"File"在其下拉菜单中选择"Import"，再在弹出的菜单中选择中一种你所存储的数据形式（如图 2-30 所示）。如果是用 VB 程序计算的数据，一般是以"ASCII"形式存放的，可点击"Single ASCII"，在弹出的对话框中选择数据文件名（如图 2-31 所示），点击之，就可以将数据直接引入到数据表格中去。

值得注意的是，放在数据文件中的数据，其次序应和数据表格中的次序相一致，同一行的数据以"，"相间隔，不同行的数据应换行存放，否则，引入的数据无法使用。

3. 图形生成

当输入完数据后，就可以开始绘制实验数据曲线图。实验曲线图有单线图和多线图，下面分别介绍之。

（1）单线图。

1）点击"Plot"，在其下拉菜单中选择曲线形式，一般选择"Line＋Symbol"（如图 2-32 所示），它是将实验数据用直线分别连接起来，在每一格数据点上有一个特殊的记号。

图 2-29　增加数据列对话框

2）在弹出的对话框中（如图 2-33 所示）中选择 X 轴和 Y 轴的数据列。其选择方法如下：先点击对话框左边的数据列 A [X]，然后点中间的〈一〉X，示意 A 列是 X 轴；再点击对话框左边的数据列 B [Y]，然后点中间的〈一〉Y，示意 B 列是 Y 轴。这时点击 Add 按钮，告诉程序说第一组数据是以 A 为 X 轴，B 为 Y 轴。当选定两个坐标后，单击"OK"，就画出一条如图 2-34 所示的曲线。

（2）多线图。在热工实验中常常是多条实验曲线画在一起，这时数据列一般大于 2，其方法是在画好一条线的基础上（当前活动窗口为图形），点击"Graph"，在其下拉菜单中选择"Add Plot to Layer"，再在展开的菜单中选择"Line＋Symbol"（如图 2-35 所示），系统会弹出和图 2-29 相仿的对话框，选择需要添加曲线的 X 轴和 Y 轴，当选定两个坐标后，单

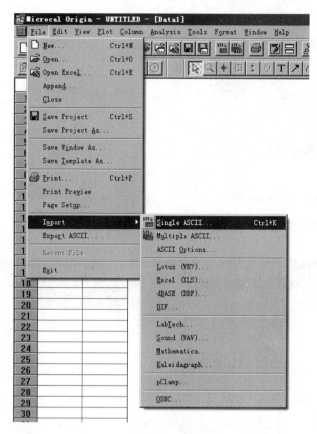

图 2-30　引入数据文件（一）

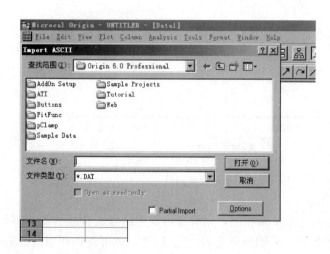

图 2-31　引入数据文件（二）

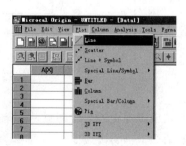

图 2-32　连线形式选择

击"OK"，重复以上步骤，就可以将多条曲线绘制在同一图中（如图 2-36 所示），有利于实验数据的分析和研究。

图 2-33　坐标数据的选择

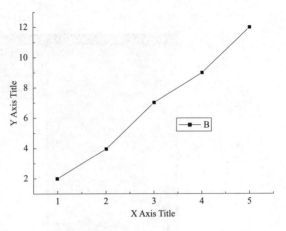

图 2-34　单线图

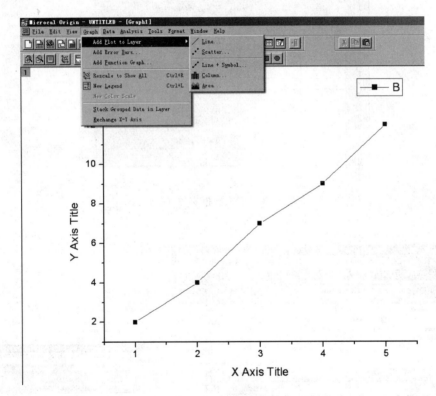

图 2-35　添加第二条或二条以上的曲线

　　如果所要做的多线图只是 Y 轴不同而 X 轴相同，则有一种简单的办法直接制作。例如，有如图 2-37 所示的数据，X 轴都为 A 列，Y 轴分别为 B、C、D 列，则可首先利用鼠标选中要制作多线图的所有数据列（这一点和使用 Word 文档一样），然后点击多线图线条类型的图表，如我们选中菜单 Plot→Line＋Symbol，则可直接得到图 2-38。

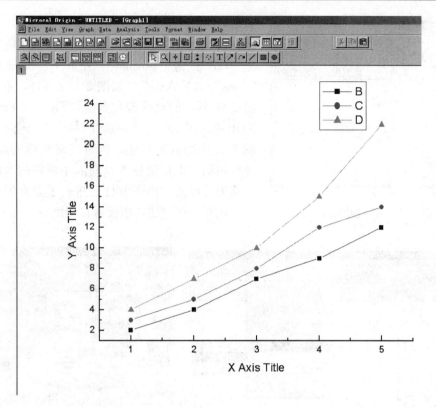

图 2-36 多线图

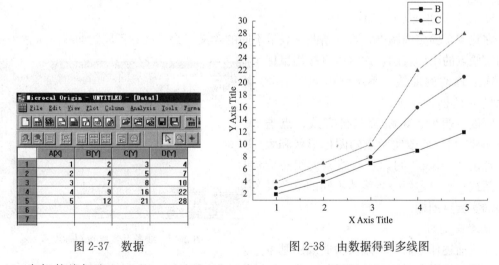

图 2-37 数据　　　　　　　　图 2-38 由数据得到多线图

4. 坐标轴的标注

输入数据，画好曲线，这时我们发现坐标轴的名称尚未标注，标注坐标轴名称有以下两种方法。

（1）将鼠标移到标有"X axis title"和"Y axis title"处，双击之，系统弹出如图 2-39 所示的对话框，输入坐标轴的中文名、英文字母、单位，同时可选择字体、字号以及其他一些功能。需要说明的是，有些字体在 Origin 里可以显示出来，但当粘贴到 Word 文档时无法

图 2-39　坐标轴的标注

显示，因此，建议大家将字体选为宋体，这样可保证在 Word 文档中可以显示坐标轴的名称。

（2）点击"Format"，在其下拉式菜单中选择"Axis"、"Y Axis"（如图 2-40 所示），系统弹出如图 2-41 所示的对话框，点击"Title & Format"在"Title"栏中输入"压力，P（Pa）"。同时如果点击图 2-41 中的其他功能，则可以对坐标的起始位置、坐标间隔、坐标轴位置及间隔小标签的方向等许多功能进行设置，由于软件已进行了非常形象化的表示，在此不再详述，望读者自行练习。

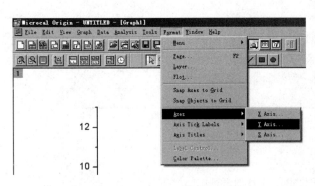

图 2-40　设定标注坐标轴

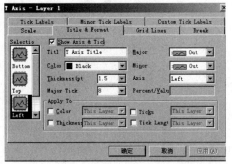

图 2-41　坐标轴的各种设置

5. 线条及实验点图标的修改

在热工实验多线图中，每一条曲线表示不同的含义。为了区分不同的曲线，常常需要用不同实验点的图标表示，这时可直接用鼠标双击需要修改的曲线，系统弹出如图 2-42 所示的对话框，点击"Line"可以修改线条、宽度、颜色、风格及连接方式；点击"Symbol"可以修改实验点的图标形状和大小；点击"Group"可以进行线条的组态设置，系统自动设定每一条线条不同的颜色及不同的实验点图标。

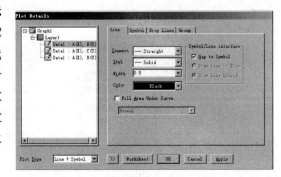

图 2-42　线条及实验点图标设置

6. 数据的拟合

完成前述任务后，一幅实验曲线图基本完成，但如果需要对实验数据进行一些回归计算，则可以通过以下方法进行。

（1）点击"Data"，选中要回归的某一条曲线（如图 2-43 所示）。

（2）点击"Tools"，选择回归的方法，如图 2-44 所示为线形回归。

（3）在弹出的对话框中，进一步确定回归的标准，点击"Fit"（如图 2-45 所示），系统就对所选择的曲线按指定的方法进行回归。

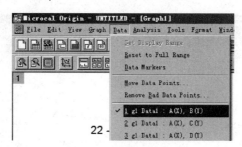

图 2-43　选择回归的曲线

图 2-44　选择回归的方法

图 2-45　确定回归指标

7. 其他功能

如果要将 Origin 中的图复制到 Word 文档中去，只要激活该图，按下"Ctrl＋C"，在 Word 文档中再按下"Ctrl＋V"即可。也可以点击"EDIT"，在其下拉菜单中点击"Copy Page"，在 Word 文档中点击"粘贴"即可。Origin 还有许多其他功能，请读者自行在实际应用中练习掌握。

8. 应用示例

【例 2-1】　现有四种理想气体的平均比定压热容的实验数据，请将其制成实验数据图。实验数据见表 2-6。

表 2-6　　　　　　　　　　　　四种理想气体的平均比定压热容　　　　　　　　　　　kJ/(kg·K)

温度（℃） 气体	O_2	N_2	SO_2	H_2O
0	0.915	1.039	0.607	1.859
100	0.923	1.040	0.636	1.873
200	0.935	1.043	0.662	1.894
300	0.950	1.049	0.687	1.919
400	0.965	1.057	0.708	1.948
500	0.979	1.066	0.724	1.978
600	0.993	1.076	0.737	2.009

首先将实验数据输入，然后利用前面介绍的方法，画出 4 条实验曲线，并注上坐标名，然后将其复制到 Word 文档就可以了。其具体图形如图 2-46 所示。

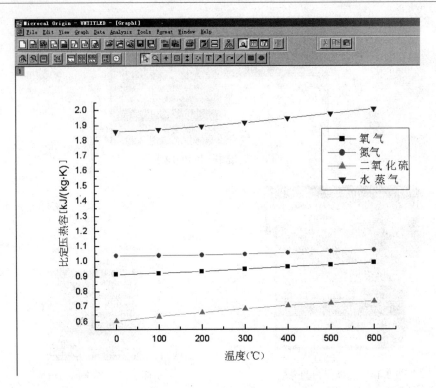

图 2-46　理想气体平均比定压热容实验数据图

【例 2-2】　应用 Origin 进行热工实验数据线性回归，并绘图（实验数据见下表）。

下面以导热系数测定中硅砖的导热系数测定为例，说明 Origin 软件在导热系数实验数据回归分析中的应用。实验（步骤略）得到下列数据，见表 2-7。

表 2-7　　　　　　　　　　　　硅砖导热系数测定实验数据表

温度（℃）	0	100	200	300	400	500	600	700
导热系数 [W/(m·K)]	0.93	1.003	1.068	1.141	1.202	1.283	1.346	1.423

第一步，数据输入。打开 Origin6.1，其工作界面如图所示。在 Data1 表中，分别输入表 2-7 中的数据，A [X] 列中输入温度，B [Y] 列中输入导热系数。

第二步，绘图。点击 Plot 菜单的 Scatter 项，在弹出的绘图坐标轴选项中设置相应的 X 轴与 Y 轴，则出现绘图 Graph1 窗口下的数据点状分布图，这是本实验获得的实验数据点图。

第三步，线性回归拟合。在 Analysis 下拉菜单中选择并点击 Fit Linear，对导热系数（Y 轴）与温度（X 轴）坐标系中的数据点进行线性回归拟合，如图 2-47 所示。Origin 则自动调用内置的最小二乘法线性拟合工具。在图中新增一条拟合出来的直线，包括线性回归方程的系数 a（又称截距）与 b（又回归系数），标准差，相关系数、数据点的个数，分别以 A、B、SD、R、N 来表示。如图 2-47 所示，在本例中，$A=0.92983$，$B=6.99048E-4$，$SD=0.00427$，$R=0.99973$，$N=8$。最后回归出的硅砖导热系数与温度的关系拟合曲线为 $\lambda[W/(m \cdot K)] = 0.92983 + 6.99048E - 4t[℃]$。

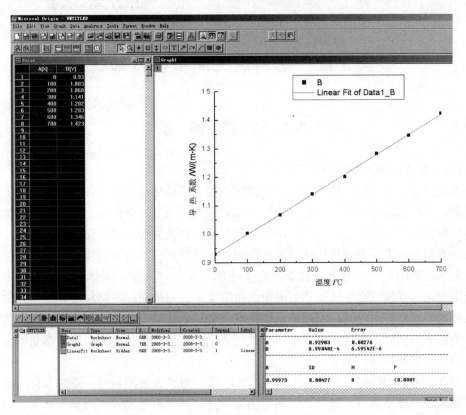

图 2-47　线性回归结果

第3章 常用热工测量基本知识

3.1 温 度 测 量

3.1.1 温度测量的基本概念及分类

温度是一个十分重要的热工参量，从微观上说它反映物体分子运动平均动能的大小，而宏观上则表示物体的冷热程度，在各种热工实验中几乎都离不开温度。用来量度物体温度高低的标尺称为温标，如热力学温标、国际实用温标、摄氏温标、华氏温标等。

各种测温方法大都是利用物体的某些物理和化学性质（如物体的膨胀率、电阻率、热电势、辐射强度和颜色等）与温度具有一定关系的原理。热膨胀：固体、液体、气体的热膨胀；电阻变化：导体或半导体受热后电阻发生变化；热电效应：不同材质导线连接的闭合回路，两接点的温度如果不同，回路内就产生热电势；热辐射：物体的热辐射随温度的变化而变化。当温度不同时，上述各参量中的一个或几个随之发生变化，测出这些参量的变化，就可间接地得出被测物体的温度。

测温方法可分为接触式与非接触式两大类。用接触式方法测温时，感温元件需要与被测介质直接接触，液体膨胀式温度计、热电偶温度计、热电阻温度计等均属于此类。当用光学高温计、辐射高温计、红外探测器测温时，感温元件不必与被测介质相接触，故称为非接触式测温方法。接触式测温简单、可靠、测量精度高，但由于达到热平衡需要一定时间，因而会产生测温的滞后现象。此外，感温元件往往会破坏被测对象的温度场，并有可能受到被测介质的腐蚀。非接触式测温是通过热辐射来测量温度的，感温速度一般比较快，多用于测量高温，但由于受物体的发射率、热辐射传递空间的距离、烟尘和水蒸气的影响，故测量误差较大。常用温度计的分类和特点见表3-1。

表 3-1 各种温度计的比较

型 式	工作原理	种 类	使用温度范围（℃）	优 点	缺 点
接触式	热膨胀	玻璃管温度计	−80～500	结构简单，使用方便，测量准确，价格低廉	测量上限和精度受玻璃质量限制，易碎，不能记录和远传
		双金属温度计	−80～500	结构简单，机械强度大，价格低廉	精度低，量程和使用范围易有限制
接触式	热膨胀	压力式温度计	−100～500	结构简单，不怕振动，具有防爆性，价格低廉	精度低，测量距离较远时，仪表的滞后现象较严重
	热电阻	铂、铜电阻温度计	−200～600	测温精度高，便于远距离、仪器测量和自动控制	不能测量高温，由于体积大，测量点温度较困难
		半导体温度计	−50～300		
	热电偶	铜-康铜温度计	−100～300	测温范围广，精度高，便于远距离、集中测量和自动控制	需要进行冷端补偿，在低温段测量时精度低
		铂-铂铑温度计	200～1800		

型　式	工作原理	种　类	使用温度范围（℃）	优　点	缺　点
非接触式	辐射	辐射式高温计	100～2000	感温元件不破坏被测物体的温度场，测温范围广	只能测高温，低温段测量不准，环境条件会影响测量准确度

3.1.2　接触式温度测量

1. 玻璃液柱温度计

玻璃液柱温度计测量范围一般为－200～700℃，其具有结构简单、使用方便、价格便宜、精确。但观察、监测不便、易损坏，一般均作现场读数测量。

（1）工作原理。由于接触式温度计与被测物体达到热平衡需要一定的时间，因此存在滞后性，使输出数据产生负载误差；又因温度计与被测物体直接接触而易受介质腐蚀。玻璃液柱温度计具有结构简单、测量直接、精度高等优点，故应用较广泛。目前最常用的有液体膨胀式温度计，它利用玻璃感温包内的测温物质受热后膨胀的原理，来进行温度测量。由于选择的工作液体的膨胀系数远大于玻璃的膨胀系数，当温度变化时，引起工作液体在玻璃管内体积的变化，于是在毛细管上液柱高度发生变化，利用此特点在玻璃管上（或其他标尺上）就可以刻出温度值。

玻璃外壳在 300℃ 以上时，机械强度下降，并会软化变形，因此，多采用特殊耐热玻璃（如硅硼玻璃）；在 500℃ 以上时，需用石英玻璃。精度一般可达 ±0.5～1℃，最小分度为 $\frac{1}{20}$℃ 与 $\frac{1}{10}$℃。

最常用工作液是汞与乙醇（需严格控制其纯度—密度）。常用的液体及适用范围见表 3-2。

表 3-2　　　　　　　　玻璃管式液体温度计常用液体及其适用范围

液体名称	适用范围		说　明
	下限（℃）	上限（℃）	
汞（水银）	－30	700	高温应用时应在空间充入 385℃、2.5MPa 氮气
甲苯	－90	100	有机液体对玻璃有黏附作用，膨胀系数也随温度变化，使刻度不均匀
乙醇	－100	75	
石油醚	－130	25	
戊烷	－200	20	

（2）玻璃液柱温度计的分类和结构。玻璃温度计，按其刻度标尺形式可分为棒式、内标式和外标式三种。

1）棒式玻璃温度计。由厚壁毛细管制成。温度标尺直接刻在毛细管的外表面上，为满足不同的测温方法其外形有直形、直角形等。

2）内标式玻璃温度计。由薄壁毛细管制成。温度标尺另外刻在乳白色玻璃板上，置于毛细管后，外用玻璃外壳罩封，此种结构标尺刻度读数清晰。

3）外标式玻璃温度计。将玻璃毛细管直接固定在外标尺（铅、铜、木、塑料）板上，这种温度计多用来测量室温。玻璃温度计还可制成带金属保护管的形式，供在易碰撞的地方与不能裸露挂置的地方使用。工业现场也多利用膨胀液体导电性质制成与电子继电器等电子元件组成的温控电路，对温度进行控制，如电接点玻璃温度计。

2. 热电偶温度计

热电偶温度计是根据热电效应制成的一种测温元件。它结构简单，坚固耐用，使用方便，精度高，测量范围宽，便于远距离、多点、集中测量和自动控制，是应用广泛的一种温度计。

(1) 热电偶测温原理。如果取两根不同材料的金属导线 A 和 B，将其两端焊在一起，即组成了一个闭合回路。因为两种不同金属的自由电子密度不同，当两种金属接触时在两种金属的交界处，就会因电子密度不同而产生电子扩散，扩散结果在两金属接触面两侧形成静电场即接触电势差。这种接触电势差仅与两金属的材料和接触点的温度有关，温度愈高，金属中自由电子就越活跃，致使接触处所产生的电场强度增加，接触面电动势也相应增高，由此可制成热电偶测温计。

热电偶热电效应原理如图 3-1 所示，热电偶产生的热电势 $E_{AB}(T，T_0)$ 是由两种导体的接触电势 E_{AB} 和单一导体的温差电势 E_A 和 E_B 所形成。两种导体的接触电势和单一导体的温差电势如图 3-2 所示。当热电偶的两个电极材料不同，且两个接点的温度不同时，会产生电势，根据产生的热电势进行温度测量。当热电偶冷端温度 (T_0) 不是 0℃ 时，热电势与温度之间的关系如下：

$$E(T,0) = E(T,T_0) + E(T_0,0) \tag{3-1}$$

式中　$E(T，0)$ ——冷端为 0℃ 时的热电势，mV；

　　$E(T，T_0)$ ——冷端为 T_0 而热端为时 T 的热电势，即实测值，mV；

　　$E(T_0，0)$ ——冷端为 0℃ 而热端为时 T_0 时的热电势，mV。

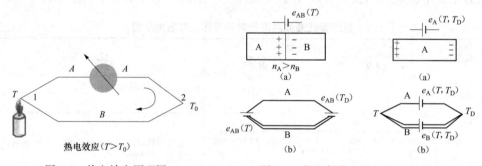

图 3-1　热电效应原理图　　　　图 3-2　热电偶热电效应原理示意图

上述热电势可查热电偶的分度表，热电偶的分度表见附表 1。

(2) 热电偶温度计的结构与特性。常用热电偶外形与结构如图 3-3 所示。

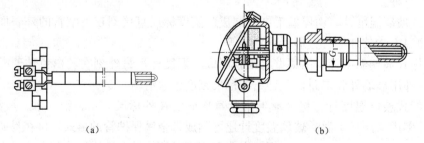

(a)　　　　　　　　　　　　(b)

图 3-3　热电偶结构示意图

几种常用的热电偶的特性数据见表 3-3。使用者可以根据表中列出的数据，选择合适的二次仪表，确定热电偶的使用温度范围。

表 3-3　　　　　　　　　　　常用热电偶特性表

热电偶名称	型　号	分度号	100℃的热电势（mV）	最高使用温度（℃）	
				长期	短期
铂铑＊10-铂	WRLB	LB-3	0.643	1300	1600
镍铬-考铜	WREA	EA-2	6.95	600	800
镍铬-镍硅	WRN	EU-2	4.095	900	1200
铜-康铜	WRCK	CK	4.29	200	300

3. 热电阻温度计

热电阻温度计是一种用途极广的测温仪器。它具有测量精度高，性能稳定，灵敏度高，信号可以远距离传送和记录等特点。热电阻温度计包括金属丝电阻温度计和热敏电阻温度计两种。热电阻温度计的性质见表 3-4。

表 3-4　　　　　　　　　热电阻温度计的使用温度

种　类	使用温度范围（℃）	温度系数（℃$^{-1}$）	种　类	使用温度范围（℃）	温度系数（℃$^{-1}$）
铂电阻温度计	−260～630	+0.0039	铜电阻温度计	150 以下	+0.0043
镍电阻温度计	150 以下	+0.0062	热敏电阻温度计	350 以下	−0.03～−0.06

（1）金属丝电阻温度计。热电阻温度计是利用金属导体的电阻值随温度变化而改变的特性来进行温度测量的。纯金属及多数合金的电阻率随温度升高而增加，即具有正的温度系数。在一定温度范围内，电阻-温度关系是线性的。温度的变化，可导致金属导体电阻的变化。这样，只要测出电阻值的变化，就可达到测量温度目的。

如图 3-4 所示为热电阻温度计的结构，感温元件 1 是以直径为 0.03～0.07mm 的纯铂丝，2 绕在有锯齿的云母骨架 3 上，再用两根直径约为 0.5～1.4mm 的银导线作为引出线 4 引出，与显示仪表 5 连接。当感温元件上铂丝的温度变化时，感温元件的电阻值随温度而变化，并呈一定的函数关系。将变化的电阻值作为信号输入至具有平衡或不平衡电桥回路的显示仪表以及调节器和其他仪表等，可测量或调节被测量介质的温度。热电阻实物如图 3-5 所示。

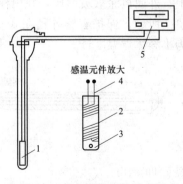

图 3-4　热电阻的机构示意图

1—感温元件；2—铂丝；3—骨架；4—引出线；5—显示仪表

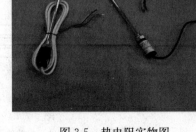

图 3-5　热电阻实物图

　　由于感温元件占有一定的空间，所以不能像热电偶那样，用它来测量"点"的温度，当要求测量任何空间内或表面部分的平均温度时，热电阻用起来非常方便。热电阻温度计在流过电流大时，会发生自热现象，所以，热电阻温度计在测定高温时准确度不高。金属热电阻温度计的基本参数见表 3-5。

表 3-5　　　　　　　　　　　　　　　热电阻的技术性能

名　　称	代　号	分度号	R_0 及允许误差	测量范围（℃）	R_{100}/R_0 及允许误差
铂热电阻	WZP	Pt10	10，A 级±0.006 10，B 级±0.012	−200～850	1.385，±0.0010
		Pt100	100，A 级±0.006 100，B 级±0.012		
铜热电阻	WZC	Cu50	50，±0.05	−50～150	1.428，±0.002
		Cu100	100，±0.01		
镍热电阻	WZN	Ni100	100，±0.1	−60～180	1.617，±0.003
		Ni300	300，±0.3		
		Ni500	500，±0.5		

　　（2）半导体热敏电阻温度计。半导体热敏电阻体通常是用锰、镍、钴、铁、锌、钛、镁等两种或两种以上的金属的氧化物原料制成。

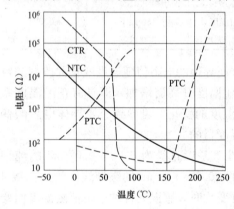

图 3-6　热敏电阻的温度特性

NTC—负温度系数热敏电阻；PTC—正温度
系数热敏电阻；CTR—临界温度热敏电阻

　　1）半导体热敏电阻温度计的工作原理。热敏电阻和金属导体的热电阻不同，它是由半导体材料制成。制造热敏电阻的材料不同，它的温度特性也不同。当采用 MnO_2、$Mn(NO_3)_4$、CuO、$Cu(NO_3)_2$ 等化合物制造半导体热敏电阻时，得到的是具有负电阻温度系数的特性，其电阻值是随温度的升高而减小，随温度的降低而增大；当采用 NiO_2、ZrO_2 等化合物制造时，得到的是具有正温度系数的特性；另外还有些热敏电阻，当温度超过某一数值后，电阻会急剧增加或减少。热敏电阻的温度特性如图 3-6 所示。

　　2）半导体热敏电阻的结构及特点。热敏电阻的结构形式有珠形、圆片形和棒形三种，工业测量主要采用珠形。将珠形热敏电阻烧结在两根铂丝上，外面再涂敷玻璃层，并用杜美丝与铂丝相接引出，外面再用玻璃套管做保护套管，如图 3-7 所示，保护套管外径在 3～5mm 之间。若把热敏电阻配上不平衡电桥和指示仪表，则成为半导体点温度计。

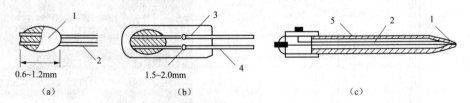

图 3-7　热敏电阻感温元件的结构

（a）珠形热敏电阻；（b）涂敷玻璃的热敏电阻；（c）带玻璃保护套管的热敏电阻

1—金属氧化物烧结体；2—铂丝；3—玻璃；4—杜美丝；5—玻璃管

半导体热敏电阻常用来测量−100～＋300℃之间的温度，与金属热电阻比较，有如下特点：电阻温度系数大，灵敏度高；电阻率很大，因此可以做成何种很小而电阻很大的电阻体；结构简单，体积小，可以用来测量点的温度；热惯性很小，响应快；但同一型号的热敏电阻的电阻温度特性分散很大，互换性差；此外，电阻和温度的关系不稳定，随时间而变化。这些问题目前虽已有改善，但热敏电阻还是很少在过程检测仪表中使用。随着半导体技术的发展，制造工艺水平的提高，半导体热敏电阻有其广阔的发展前途。

3.1.3　非接触式温度测量

1. 辐射式温度计

辐射式温度计过去也称全辐射式温度计。它由辐射感温器、显示仪表及辅助装置构成。其工作原理如图 3-8 所示。被测物体的热辐射能量，经物镜聚集在热电堆（由一组微细的热电偶串联而成）上并转换成热电势输出，其值与被测物体的表面温度成正比，用显示仪表进行指示记录。图中补偿光栏由双金属片控制，当环境温度变化时，光

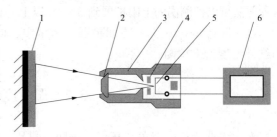

图 3-8　全辐射式温度计工作原理图
1—被测物体；2—物镜；3—辐射感温器；
4—补偿光栏；5—热电堆；6—显示仪表

栏相应调节照射在热电堆上的热辐射能量，以补偿因温度变化影响热电势数值而引起的误差。

2. 单色辐射高温计

（1）光学高温计。光学高温计是发展最早、应用最广的非接触式温度计之一。它结构简单，使用方便，测温范围广（700～3200℃），一般可满足工业测温的准确度要求。目前广泛用于高温熔体、炉窑的温度测量，是冶金、陶瓷等工业部门十分重要的高温仪表。

光学高温计是利用受热物体的单色辐射强度随温度升高而增加的原理制成，由于采用单一波长进行亮度比较，也称单色辐射温度计。物体在高温下会发光，也就具有一定的亮度。物体的亮度 B_λ 与其辐射强度 E_λ 成正比，即 $B_\lambda = CE_\lambda$，式中 C 为比例系数。所以受热物体的亮度大小反映了物体的温度数值。通常先得到被测物体的亮度温度，然后转化为物体的真实温度。

光学高温计的缺点是以人眼观察，并需用手动平衡，因此不能实现快速测量和自动记录，且测量结果带有主观性。最近，由于光电探测器、干涉滤光片及单色器的发展，使光学高温计在工业测量中的地位逐渐下降，正在被较灵敏、准确的光电高温计所代替。

（2）光电高温计。在光学高温计基础上发展起来的光电高温计用光敏元件代替人眼，实现了光电自动测量。特点：灵敏度和准确度高；波长范围不受限制，可见光与红外范围均可，测温下限可向低温扩展；响应时间短；便于自动测量和控制，能自动记录和远距离传送。

（3）比色高温计。比色高温计的工作原理是当温度变化时，物体的最大辐射出射度向波长增加或减小的方向移动，使在波长 λ_1 和 λ_2 下的光谱辐射亮度比发生变化，测量光谱辐射亮度比的变化即可测出相应的温度。

比色高温计和单色辐射高温度、辐射温度计相比较，它的测量准确度高，因为实际物体的光谱发射率 ε_{λ_1} 和发射率 ε 值变化比较大，而同一物体的 ε_{λ_1} 和 ε_{λ_2} 的比值变化较小，因此，

比色温度与真实温度之差要比亮度温度、辐射温度与真实温度之差小得多。

中间介质（如水蒸气、二氧化碳和灰尘等）对波长 λ_1 和 λ_2 的单色辐射能都有吸收，尽管吸收程度不一定一样，但对光谱辐射出射度比值的影响较小。所以比色高温计可在周围气氛较恶劣的环境下测温。

（4）红外温度计。辐射式温度计的测量范围可向高温方面扩展，扩展范围的基本原理是用一吸收玻璃把被测物体射来的射线减弱一部分，仅测量透过吸收玻璃的那部分辐射能。用这种方法可以把测温的上限扩展到 3000℃以上。辐射式温度计的测量范围也可向中温（100～700℃）、低温（<100℃）方面扩展。测量中、低温区人眼看不见的这种射线即红外线需要用红外温度计来检测。

3.2　湿　度　测　量

在工农业生产、气象、环保、国防、科研、航天等部门，经常需要对环境湿度进行测量及控制。对环境温、湿度的控制以及对工业材料水分值的监测与分析都已成为比较普遍的技术条件之一，但在常规的环境参数中，湿度是最难准确测量的一个参数。这是因为测量湿度要比测量温度复杂得多，温度是个独立的被测量，而湿度却受其他因素（大气压强、温度）的影响。此外，湿度的校准也是一个难题。国外生产的湿度标定设备价格十分昂贵。

湿度是表示空气中水蒸气含量的大小。表示空气湿度的方法有：含湿量、绝对湿度和相对湿度等。其中相对湿度是指湿空气中水蒸气分压力与同温度下饱和水蒸气压力之比的百分数，以符号 φ 表示。湿度的测量方法有干湿球法、电阻法、露点法等。

3.2.1　干湿球湿度计

在普通物理学实验中已得知，当大气压力 p 和风速 v 不变时，可利用干湿球温度表上的指示温度差来确定空气湿度。

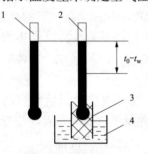

图 3-9　干湿球温度计
1—干球温度计；2—湿球温度计；3—纱布；4—水杯

干湿球温度计是由两支相同温度计组成，如图 3-9 所示，其中一支温度计球部（温包）包有湿纱布，纱布下端浸入盛水的小杯中。当空气相对湿度 $\varphi<100\%$ 时，湿球头部的湿纱布表面上水分蒸发，带走一部分热量，使之温度低于干球温度计的读数。

空气中相对湿度较小，湿球表面蒸发快，带走的热量多，干湿球温差则大；反之，相对湿度大，干湿球温差小。当空气中的相对湿度 $\varphi=100\%$ 时，水分不再蒸发，干、湿球的温差为零，据此可得出被测环境中的相对湿度 φ。相对湿度与干、湿球温度差之间的关系见附录 B。

吸湿法是利用某些有机或无机材料或半导体陶瓷的含湿量、潮解或表面吸附湿度随空气含湿量变化后，某种物理性能（如电阻值、介电常数或几何形状及尺寸）将随之发生变化。根据这些物理或几何参数的变化，可确定空气的湿度。这类测湿仪器结构简单，操作方便，是目前较常采用的湿度测量方法。最常见的有氯化锂、磺酸锂湿度敏感元件，毛发或特殊尼龙丝（薄膜）做的湿度计。

3.2.2　电阻法湿度测量（氯化锂电阻湿度计）

电阻法湿度测量是吸湿法的一种。氯化锂在大气中不分解、不挥发、也不变质，是一种具有稳定离子型结构的无机盐，在空气相对湿度低于12％时，氯化锂呈固相，电阻率很高，相当于绝缘体。空气的相对湿度高于12％时，放置在空气中的固相氯化锂就吸收空气中的水分而潮解，随着空气相对湿度的增加氯化锂吸湿量也随之增加，从而使氯化锂中导电的离子数也随之增加，电阻减小。当空气中相对湿度减小时，氯化锂就放出水分，电阻又增加。因此，可利用此特性制成氯化锂电阻式湿度计（或湿度传感器）。

氯化锂电阻式湿度计测头是将梳状的金属箔丝粘在绝缘板上，也可用两根平行的铂丝或铱丝绕在绝缘柱上，如图 3-10 所示。在绝缘表面上涂一层聚乙烯醇与氯化锂混合溶液作为感湿膜，当混合溶液干燥后，氯化锂均匀地附在绝缘板的表面上，聚乙烯醇的多孔性能保证水蒸气和氯化锂之间有良好的接触。梳状平行的金属箔或两根平行绕组并不接触，而依靠氯化锂使它们构成回路。氯

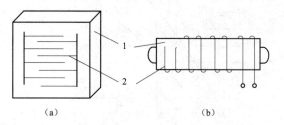

图 3-10　氯化锂电阻式湿度计机构示意图
(a) 片状；(b) 柱状
1—绝热板（上面附有感湿膜）；2—金属电极

化锂溶液层的电阻值就随空气中相对湿度的变化而产生电阻的变化，将此回路当作一桥臂接入交流电桥，电桥不平衡输出电位差，与空气湿度变化相适应，进行标定后，只需测出电桥对角上的电位差即可确定空气的相对湿度。

氯化锂电阻值还受温度影响，在使用中必须注意温度补偿。测定桥路不得使用直流电，否则会使传感器产生电解。

氯化锂电阻式湿度计的优点是结构简单，体积小，反应速度快，灵敏度高。缺点是每个测头量程窄，一般只有 RH15-20％，互换性差，易老化，耐热性差，不能用于露点以下。因此，采用多片氯化锂感湿元件组合，各感湿元件上涂的氯化锂浓度不相同，分别适应不同的相对湿度。

3.2.3　露点法湿度测量（氯化锂露点湿度计）

露点法是测量湿空气达到饱和时的湿度，也是吸湿法的一种，其准确度高，测量范围广。计量用的精密露点仪准确度可达±0.2℃甚至更高。

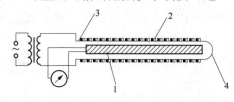

图 3-11　氯化锂露点湿度计机构示意图
1—铂电阻；2—玻璃丝布套；
3—铂丝；4—结缘管

如图 3-11 所示是氯化锂露点湿度计的结构图，在测头上黄铜套内放置测温用的铂电阻温度计1，铂丝 3 为加热电阻，当空气中相对湿度 φ 超过12％时开始有电流输入，产生热能 I^2R，电阻 R 随两铂丝之间涂有氯化锂物的电阻而变化。电流热效应使测头的温度升高，氯化锂溶液的饱和蒸气压也随之升高。当此压力小于大气中水蒸气分压时，氯化锂吸湿而潮解，两铂丝电阻减小，在外加 24V 电压作用下，电流增大，使测头温度继续升高，氯化锂饱和蒸气压也逐渐升高，并使吸湿量随之减少，电阻 R 增加，电流减小。温度升高渐慢，当测头温度升至其饱和蒸气压与空气中水蒸气分压相等时，氯化锂水分全部蒸发完毕，电阻 R 值剧增（非导体状），电流为零，测头湿度下降，氯化锂又开始吸潮，金属丝间电阻又减小，电流增加，最后测头达到热平衡状态，测头维持在一定温度上，即图 3-12 中 C 点对应的温度，此点温度称为平衡温度 t_c

（℃）。由于测头的饱和蒸气压等于被测介质的水蒸气分压力，将空气状态点 A 与 C 点连接并延长与曲线 1 相交得 B 点，B 点所对应的温度即为被测空气的露点温度 t_b。利用铂电阻配上显示仪表可测出平衡温度或直接显示出露点温度，知道露点温度 t_1 可依据下式求出相对湿度。

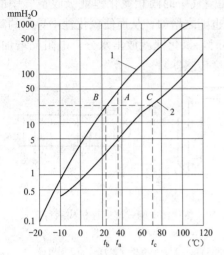

图 3-12　纯水和氯化锂的饱和蒸汽压力曲线
1—水的饱和蒸汽压力线；
2—氯化锂的饱和蒸汽压力线

$$\ln\varphi = -B\left(\frac{1}{At_c + C} - \frac{1}{t_a}\right) \tag{3-2}$$

式中　A、B、C——均为近似常数；

t_a——空气的露点温度，℃；

t_c——平衡温度，℃；

φ——相对湿度，%。

使用氯化锂露点计时应注意，测头周围的空气温度（即被测空气的温度）应在被测空气的饱和温度（即露点温度）与平衡温度之间。若长期使用不重涂氯化锂溶液，则露点指示有偏高的趋势，因此，实际使用时间间隔三个月，就要重涂一次氯化锂溶液，才能确保指示值正确。

3.3　热　量　测　量

在热工测量中经常需测量通过物体的热流密度或热流量。由于传热分为热传导、对流换热和辐射换热三种基本方式，若直接用热流计测量对流热流量比较困难，而测量热传导和辐射热流相对比较简单，因此，目前热流计多为热传导与热辐射两种热流计，按结构不同分为金属片型、薄板型、热电堆型、热量型和潜热型五大类型。

3.3.1　热流计的工作原理

依据傅里叶定律，当有热流通过热流计测头时，测头热阻层上将产生温度梯度，通过热流测头的热流密度可用下式表示

$$q = \frac{\mathrm{d}Q}{\mathrm{d}s} = \lambda\frac{\partial T}{\partial X} \tag{3-3}$$

式中　q——热流密度，W/m²；

λ——测头材料的热导率，W/(m²·K)；

$\mathrm{d}Q$——通过微元面积 $\mathrm{d}s$ 的热流量，W；

$\mathrm{d}s$——等温面上的微元面积，m²；

$\dfrac{\partial T}{\partial X}$——垂直与等温面的热流量。

若已知热流测头材料和几何尺寸确定，只要测出测头两侧的温差，即可得到热流密度。根据使用条件，选择不同的材料做热阻层，以不同的方式测量温差，就能做成不同结构的热阻式热流测头。

3.3.2　热量测量

1. 薄板型热流计

薄板型热流计是目前使用较广的一种热阻式热流计，它利用金属薄板（铜板和康铜板）的两个表面贴或镀上另一种金属（康铜或铜）。将薄板安装在待测物体表面后，当有热流通过时，薄板两面由于温差产生电势，热流密度与电势之间存在如下关系，其原理图如图 3-13 所示。

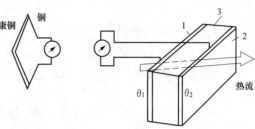

$$q = \frac{\lambda}{l}(t_1 - t_2) = kE \qquad (3-4)$$

图 3-13　薄板型热流计结构示意图
1、2—铜；3—康铜板

式中　E——热电偶热、冷端温差产生的热
电势，mV；

　　　k——已知薄板型热电偶本身的常数，k 值与材料的导热系数，板厚及热电偶电特性
有关。

热阻式热流测头能测量几 W/m^2 到几万 W/m^2 的热流密度，由于 E 非线性误差及金属镀层或贴层易在高温中氧化，所以此类热量计只能在温度较低时使用，一般在 200℃ 以内，特殊结构可达 500～700℃。热阻式热流量计测头反应时间一般较长，随热阻层的性能和厚度不同，反应时间从几秒到几十分钟或更长，因此，此类测头比较适合变化缓慢的或稳定的热流测量。

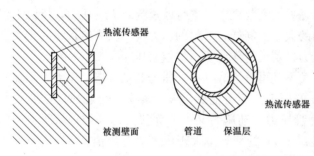

图 3-14　热阻式热量侧头安装示意图

热阻式热量测头的安装位置如图 3-14 所示，对于水平安装的均匀保温层的圆形管道，测点应选在管道上部表面与水平夹角均为 45°处，此处的热量密度大约等于其截面上的平均值。当保温层受冷、热或室外气流温度、风速、日照影响时，测点可在同一截面上选几个有代表性的位置测量，测量数据与平均值比较，此而确定合适的测试位置。对于垂直平壁面和立管，可作类似的考虑，通过测试找出合适的测点位置。

2. 热量型热流计

热量型热流计主要测量以热水为热媒的热源产生的热量，或用户消耗的热量。热水热量可用下式计算

$$Q = q_m(h_s - h_r) \qquad (3-5)$$

式中　Q——热水的热量，kJ/h；

　　　q_m——热水的质量流量，kg/h；

　　　h_r——回水焓值，kJ/kg；

　　　h_s——供水焓值，kJ/kg。

热水焓值为

$$h = c_p t \tag{3-6}$$

在供、回水温差不大时，可以把供、回水的比定压热容看成是相等的，此时式（3-5）可写成

$$Q = k q_m (t_s - t_r) \tag{3-7}$$

式中　t_s、t_r——供回水温度，℃；

　　　　k——仪表常数。

热水热量可通过测量供、回水温度和热水流量根据式（3-7）计算出。

3.4 压力与压差测量

压力是垂直地作用在单位面积上的力，即物理学上的压强。工程上常将压强称为压力，压强差成为差压。压力的表达式为

$$p = \frac{F}{A} \tag{3-8}$$

式中　p——压力，Pa；

　　　F——垂直作用力，N；

　　　A——受力面积，m^2。

由于参考点不同，在工程上压力的表示方式有三种：绝对压力 p_a、表压 p、真空度或负压 p_v。

由于各种工艺设备和检测仪表通常是处于大气之中，本身就承受着大气压力，所以工程上经常采用表压力或真空度来表示压力的大小。同样，一般的压力检测仪表所指示的压力也是表压力或真空度。因此，以后所提压力，若无特殊说明，均指表压。

此外，工程上按压力随时间的变化关系还可分为静（态）压力和动（态）压力。不随时间变化的压力叫静压力。当然绝对不变的压力是不可能的，因而规定压力随时间变化，每1min不大于压力表分度值5%的称之为静压力。动压力又可分为狭义的（变）动压力和脉动压力。压力随时间的变化而变动，且每1min的变动量大于压力表分度值5%的压力称之为（变）动压力。压力随时间的变化而做周期性变动的压力称之为脉动压力。

压力测量仪表，按敏感元件和工作原理的特性不同，一般分为三类：

（1）液柱式压力计。它是根据流体静力学原理，把被测压力转换成液柱高度来实现测量的。

（2）弹性式压力计。它是根据弹性元件受力变形的原理，将被测压力转换成位移来实现测量的。

（3）电气式压力计。它是利用敏感元件将被测压力转换成各种电量，如电阻、电感、电容、电位差等。该方法具有较好的动态响应，量程范围大，线性好，便于进行压力的自动控制。

3.4.1 液柱式压力计

液柱式压力计是基于流体静力学原理制成的，它是压力检测中最早使用的测压仪器，具有结构简单、使用方便、读数直观、价格便宜等优点；缺点是检测范围较窄，只能检测低压和微压，并且还具有体积大和玻璃管易损坏等缺点。

液柱式压力计一般采用水银、水或乙醇作为工作液，用 U 形管或单管进行检测，常用于低压、真空或压力差的检测。

1. 液柱式压力计的工作原理

液柱式压力计的工作原理是利用流体静力学平衡原理，采用液柱高度差来测压的。

如图 3-15 所示是用 U 形玻璃管检测压力的原理结构图。从图中知它的两个管口分别接压力 p_1 和 p_2，当压力 p_1 等于 p_2 时，左右两管的液柱高度是相等的，如图 3-15（a）所示。当压力 $p_1 >$ p_2 时，U 形管的两管内的液面会产生高度差 h，如图 3-15（b）所示。

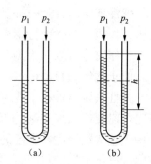

图 3-15　液柱式压力计
检测原理图

根据液体静力学原理，有

$$p_2 = p_1 + \rho g h \tag{3-9}$$

式中　ρ——U 形管内所充工作液密度，kg/m^3；

　　　g——U 形管所在地的重力加速度，m/s^2；

　　　h——U 形管左右两管的液面高度差，m。

由式（3-9）可知

$$\rho g h = p_2 - p_1$$

即

$$h = \frac{1}{\rho g}(p_2 - p_1) \tag{3-10}$$

式（3-10）说明 U 形管内两边液面的高度差 h 与两管口的被测压力之差成正比，如果将 p_1 管通大气，即 $p_1 = p_2$，则

$$h = \frac{p}{\rho g} \quad 或 \quad p = \rho g h \tag{3-11}$$

式中　p——p_2 管的表压，$p = p_a - p_0$。

由式（3-11）可以看出，用 U 形管可以检测两被测压力之间的差值，即可以检测出差压（或表压），这就是 U 形管液柱式压力计的检测原理。

2. 液柱式压力计的结构

液柱式压力计的结构如图 3-16 所示，它由 U 形玻璃管 1、封液 2 和高度标尺 3 组成。

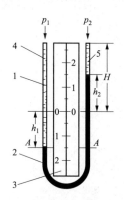

图 3-16　液柱式压力计的结构
1—U 形管；2—封液；
3—高度标尺；4—左管封液上的
介质；5—右管封液上的介质

封液是封在 U 形玻璃连通管内，其作用是 U 形管两边的介质和形成一定高度的液柱来平衡被测压力。封液可以采用单种液体，也可采用多种液体的混合物，但要求所用封液与被测介质接触处必须有一个清楚而稳定的分界面，也就是说要求所用封液不能与被测介质发生物理和化学反应，流动性好，并且有清晰的液面，以便能准确的判读液面的位置。封液的密度应不同于被测介质的密度，并根据被测压力的上限适当选择。由式（3-9）可以看出，对于一定长度的 U 形管，封液的密度大检测上限高；封液的密度小灵敏度高，检测上限小。常用的封液有水银、水、酒精和四氯化碳。高度标尺

是用来检测液柱的高度，以便计算出被测压力。

从上述结构可以看出，这种液柱式压力计的阻尼特性较差，当被测压力发生波动时，容易发生振荡，因此，必要时应在压力计内或管道上加阻尼器。

3.4.2　弹性式压力计

弹性式压力计是一种量大面广的测压仪器。它是利用各种型式的弹性元件，在被测介质的压力作用下产生弹性形变来度量被测压力的大小。弹性式压力计结构简单、使用维护方便、工作安全可靠、检测范围广、价格低廉、容易读数，具有足够的检测精度和示值稳定性，便于远传、自动记录和自动报警，因此在热工检测中被广泛使用。

弹性式压力计在工业生产过程中的主要作用是监视受压容器内部所充介质运行中的工作情况，以便恰当地控制受压容器，保护生产设备的安全；了解生产过程中物料变化状态，使某些工艺参数控制在给定的条件下，以保证产品符合质量要求；为操作人员监视、控制和调节生产提供可靠的依据。

弹性式压力计的主要缺点是精度不够高，具有弹性后效，内部机械易磨损，反应速度较慢，不适于动态检测，还易产生视差，所以它只适于工业生产中的一般检测，不太适于精密检测。但是，如对弹性式压力计采取一些特殊措施，也可用于抗振、抗硫、耐腐、防爆等特殊场所的压力检测。

1. 弹性式压力计的工作原理

物理学指出，在弹性极限以内，固体所发生的变形叫做弹性变形。因为弹性变形的物体总想力图恢复原状，就要产生反抗外力作用的弹性力。当弹性力与作用力平衡时，变形停止。而弹性变形则与作用力具有一定的关系，这样因变形而产生的位移就可以当作作用力大小的输出信号。

弹性式压力计就是按上述基本原理，利用弹性敏感元件在被测介质的压力作用下，将会产生弹性变形，此变形以位移的形式经齿轮传动机构放大后带动指针发生偏转，在刻度盘上指示出相应的压力值。

弹性式压力计的关键元件是弹性敏感元件。这种弹性元件，当它的弹性限度范围内，轴向受到外力作用时，就会产生拉伸或压缩位移，这种位移的大小与受到的作用外力是成正比的。即

$$F = Cs \tag{3-12}$$

式中　F——轴向外力，N；

　　　s——位移，m；

　　　C——刚度系数，N/m。

根据压力的定义，变形为

$$F = Ap \tag{3-13}$$

式中　A——弹性元件承受压力的有效面积，m^2；

　　　p——被测压力，Pa。

由式（3-12）和式（3-13）得 $F = Ap = Cs$，即

$$s = \frac{A}{C} p \tag{3-14}$$

由于弹性元件通常是工作在弹性特性的线性范围内，所以可以近似地认为 A/C 为常数，

这就保证了弹性元件的位移 s 与被测压力呈线性关系。因此，就可以通过检测弹性元件的位移来检测被测压力 p 的大小。

2. 弹性式压力计的结构

在弹性式压力计中弹簧管压力计结构简单，使用方便，价格低廉，测压范围宽，应用十分广泛。一般弹簧管压力计的测压范围为 $10^{-5} \sim 10^9 \mathrm{Pa}$；准确度最高可达 0.1 级。

它的典型结构如图 3-17 所示，被测压力由接头输入，使弹簧管的自由端产生位移，通过拉杆使扇形齿轮作逆时针偏转，于是指针通过同轴的中心齿轮的带动而作顺时针的偏转，在面板的刻度标尺上显示出被测压力的数值。游丝是用来克服因扇形齿轮和中心齿轮的间隙所产生的仪表变差。改变调节螺钉的位置（即改变机械传动的放大系数），可以实现压力表的量程调节。若输入压力为负压时，齿轮、指针的旋转方向相反。

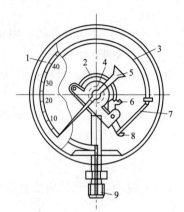

图 3-17　弹簧管压力计结构图
1—面板；2—游丝；3—弹簧管；
4—中心齿轮；5—指针；6—扇形齿轮；
7—拉杆；8—调节螺钉；9—接头

3.4.3　电气式压力计

把压力转换成电量，然后通过测量电量来反映被测压力大小的压力计，统称为电气式压力计。这种压力测量仪表具有如下的优点：测量范围宽，准确度高，便于在自动控制中进行控制和报警，可以远距离测量，携带方便等。有些电测式压力计还适用于高频变化的动态压力的测量，正因为上述特点，因此电气式压力计应用日益广泛。

电测式压力计一般都是由压力传感器、测量电路和指示器（或记录仪、数据处理系统）三个部分组成。它们之间的相互关系可用如图 3-18 所示框图表示。

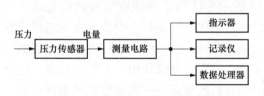

图 3-18　电气式压力计的组成框图

工程上，实际测量某系统的压力时，如果它的大小固定，不随时间而变化，这种压力称为静态压力；如果它的大小随时间而变，这种压力称为动态压力。在测量压力时，有时不仅要读出压力的瞬时值，而且还需要知道压力随时间变化的过程，以及压力与其他参数间的相互关系，因此还需要把测量电路的输出信号送到记录仪器中记录下来，波形记录装置分为模拟型和数字型两大类。模拟型波形记录装置是将测量仪器输出的模拟信号（通常是电压或相应的电流）用电磁变换的方法或光学的方法记录下来。一般可采用通用的记录仪器，如光线示波器、射线示波器（及记忆示波器）、模拟信号磁带记录器等。数字测量系统具有很高的精度，而且因为得到的数据是数字量，它可以直接输入计算机进行运算和处理，因此有广泛的发展前景。

在电气式压力计中，由于测量电路是由传感器的种类而定的，因此仪器根据传感器的种类可分为压阻式压力计、电容式压力计、霍尔式压力计等多种。

1. 压阻式压力计

（1）压阻式压力计的工作原理。压阻式压力计是利用半导体材料的电阻率在外加应力作用下发生改变的压阻效应来测量压力的，其可以直接测取很微小的应变。

当外部应力作用于半导体时，压阻效应引起的电阻变化大小不仅取决于半导体的类型和载流子浓度，还取决于外部应力作用于半导体晶体的方向。如果我们沿所需的晶轴方向（压阻效应最大的方向）将半导体切成小条制成半导体应变片，让其只沿纵向受力，则作用应力与半导体电阻率的相对变化关系为

$$\frac{\Delta \rho}{\rho} = \pi \sigma \tag{3-15}$$

式中　π——半导体应变片的压阻系数，Pa^{-1}；

σ——纵向方向所受应力，Pa。

由虎克定律可知，材料受到的应力 σ 和应变 ε 之间的关系为

$$\sigma = E\varepsilon \tag{3-16}$$

将式（3-16）带入式（3-15）得

$$\frac{\Delta \rho}{\rho} = \pi E \varepsilon \tag{3-17}$$

式（3-17）说明，半导体应变片的电阻变化率 $\frac{\Delta \rho}{\rho}$ 正比于其所受的纵向应变 ε。

因此应变片灵敏系数为　　　$K = 1 + 2\mu + \pi E \tag{3-18}$

对于半导体应变片，压阻系数 π 很大，约为 $50 \sim 100$，故半导体应变片以压阻效应为主，其电阻的相对变化率等于电阻率的相对变化，即 $\frac{\Delta R}{R} = \frac{\Delta \rho}{\rho}$。

用于生产半导体应变片的材料有硅、锗、锑化铟、磷化镓、砷化镓等，硅和锗由于压阻效应大，故多作为压阻式压力计的半导体材料。半导体应变片按结构可分为体型应变片、扩散型应变片和薄膜型应变片。

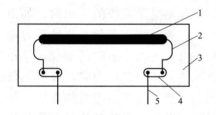

图 3-19　半导体应变片的结构
1—硅条；2—内引线；3—基底；
4—电极；5—外引线

如图 3-19 所示为体型半导体应变片的结构图，它由硅条、内引线、基底、电极和外引线五部分组成。硅条是应变片的敏感部分；内引线是连接硅条和电极的引线，材料是金丝；基底起绝缘作用，材料是胶膜；电极是内引线和外引线的连接点，一般用康铜箔制成；外引线是应变片的引出导线，材料为镀银或镀铜。

扩散型半导体应变片是将 P 型杂质扩散到 N 型硅单晶基底上，形成一层极薄的 P 型导电层，再通过超声波和热压焊法接上引出线就形成了扩散型半导体应变片。

半导体应变片的电阻很大，可达 $5 \sim 50 k\Omega$。半导体应变片的灵敏度一般随杂质的增加而减小，温度系数也是如此。值得注意的是，即使是由同一材料和几何尺寸制成的半导体应变片，其灵敏系数也不是一个常数，它会随应变片所承受的应力方向和大小不同而有所改变，所以材料灵敏度的非线性较大。此外，半导体应变片的温度稳定性较差，在使用时应采取温度补偿和非线性补偿措施。

（2）压阻式压力计的结构。将敏感元件和应变材料合二为一可制成扩散型压阻式传感器，它既有测量功能，又有弹性元件作用，形成了高自振频率的压力传感器。在半导体基片上还可以很方便地将一些温度补偿、信号处理和放大电路等集成制造在一起，构成集成传感

器或变送器。

　　如图 3-20 所示是扩散硅压阻式传感器的结构示意图。它的核心部分是一块圆形的单晶硅膜片，既是压敏元件，又是弹性元件。在硅膜片上，用半导体制造工艺中的扩散掺杂法做成四个阻值相等的电阻，构成平衡电桥，相对的桥臂电阻是对称布置的，再用压焊法与外引线相连。膜片用一个圆形硅杯固定，将两个气腔隔开。膜片的一侧是高压腔，与被测对象相连接；另一侧是低压腔，如果测量表压，低压腔和大气相连通；如果测压差，则与被测对象的低压端相连。当膜片两边存在压力差时，膜片发生变形，产生应力，从而使扩散电阻的阻值发生变化，电桥失去平衡，输出相应电压。如果忽略材料几何尺寸变化对阻值的影响，则该不平衡电压大小与膜片两边的压力差成正比。

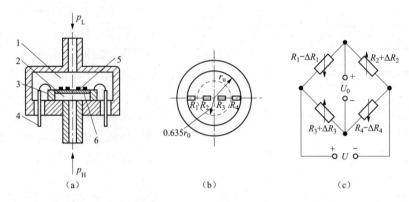

图 3-20　扩散硅压阻式压力计

(a) 传感器结构；(b) 半导体应变片布置图；(c) 测量电桥

1—低压腔；2—高压腔；3—硅杯；4—引线；5—扩散电阻；6—硅膜片

2. 电容式压力计

　　电容式压力传感器以各种结构的电容器作为传感元件，当被测压力变化时电容随之发生变化，这样就可以通过测量电容的变化值来达到测量压力的目的，这种压力传感器具有结构简单、灵敏度高、动态响应特性好、抗过载能力大等一系列优点。但是，它也有一些明显的缺点和问题，输出特性的非线性、寄生电容和分布电容对灵敏度和测量精度影响较大，以及测量电路比较复杂等，因而限制了它的广泛应用。近年来，随着微型集成电路的出现，有效地抑制了分布电容的影响，因此，它的应用又有了进一步的发展。

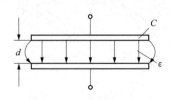

图 3-21　平板电容器

　　(1) 电容式压力计的工作原理。电容式传感器把被测压力转换成电容量的变化，实际上就是一个具有可变参数的电容器，在大多数情况下，它是由平行板组成的平板电容器，如图 3-21 所示，当不考虑边缘电场影响时，其电容量 C 为

$$c = \frac{\varepsilon S}{d} = \frac{\varepsilon_r \varepsilon_0 S}{d} \qquad (3\text{-}19)$$

式中　ε——介质的介电常数；

　　　S——极板的面积；

　　　d——极板间的距离；

　　　ε_r——相对介电常数；

　　　ε_0——真空介电常数，$8.85 \times 10^{-12} F/m$。

由式（3-19）可见，平板电容 C 受 d、S 和 ε 三个参数的影响。如果保持其中的两个参数不变，而仅仅改变剩下的另一个参数，而且使该参数与被测压力之间存在某一函数关系，那么被测压力的变化就可以直接由电容器电容 C 的变化反映出来，电容量 C 的变化，在交流工作时，就改变了容抗 X_c，从而使输出电压、电流或频率得以改变。

（2）电容式压力计的结构。电容式压力传感器实质上是一种位移传感器，它先利用弹性元件（通常是膜片）感受压力的变化，弹性元件在被测压力作用下产生变形，引起传感器电容的变化，通过测量电容来达到测量压力的目的。

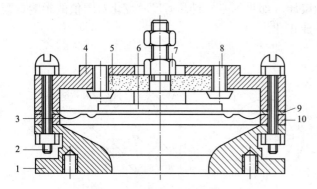

图 3-22　电容式压力传感器结构图

1—支座；2—固定螺钉；3—膜片；4—支架；

5—定极片陶瓷支架；6—定极片；7—定极片固定螺母；

8—陶瓷支架的固定螺钉；9—标准垫片；10—垫片

如图 3-22 所示，图中波纹膜片 3 作为传感器的动极片，而安装在支架 5 上的极片 6 为定极片，它们组成一个电容器，标准垫片 9 安置在动极片与定极片之间，用来保证两极板间的初始间隙，也由此决定这只电容传感器的初始电容 C_0，固定螺钉把支座 1、支架 4 和标准垫片等连接起来。测量时，待测的介质从支座 1 的中间孔进入传感器内，加压力于膜片 3 上，使膜片产生与标准垫片 9 相应的位移，从而改变两极板间的电容量，这样就完成了压力-电容的转换过程。

3. 霍尔式电压计

霍尔式压力计是基于"霍尔效应"制成的测量弹性元件变形的一种电气式压力计。它具有结构简单、体积小、重量轻、功耗低、灵敏度高、频率响应宽、动态范围（输出电势的变化）大、可靠性高、易于微型化和集成电路化等优点。但信号转换效率低、对外部磁场敏感、耐振性差、温度影响大，使用时应注意进行温度补偿。

（1）霍尔式电压计的原理。如图 3-23 所示，当电流 I（y 轴方向）垂直于外磁场 B（z 轴方向）通过导体或半导体薄片时，导体中的载流子（电子）在磁场中受到洛伦兹力（其方向由左手定则判断）的作用，其运动轨迹有所偏离，如图中虚线所示。这样，薄片的左侧就因电子的累积而带负电荷，相对的右侧就带正电荷，于是在薄片的 x 轴方向的两侧表面之间就产生了电位差。这一物理现象称为霍尔效应，其形成的电势称为霍尔电势，能够产生霍尔效应的器件称为霍尔元件。当电子积累所形成的电场对载流

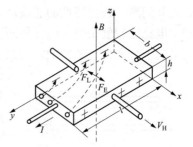

图 3-23　霍尔效应原理图

子的作用力 F_E 与洛伦兹力 F_L 相等时，电子积累达到动态平衡，其霍尔电势 V_H 为

$$V_H = \frac{R_H B I}{h} \tag{3-20}$$

式中　V_H——霍尔电势，mV；

　　　R_H——霍尔常数；

B——垂直作用于霍尔元件的磁感应强度，T；

I——通过霍尔元件的电流，又称控制电流，mA；

h——霍尔元件的厚度，m。

霍尔元件的特性经常用灵敏度 K_H 表示，即

$$K_H = \frac{R_H}{h}$$

则霍尔电势为

$$V_H = K_H BI \tag{3-21}$$

式（3-21）表明，霍尔电动势的大小正比于控制电流 I 和磁感应强度 B 的乘积及灵敏度 K_H。灵敏度 K_H 表示霍尔元件在单位磁感应强度和单位控制电流下输出霍尔电势的大小，一般要求它越大越好。灵敏度 K_H 大小与霍尔元件材料的物理性质和几何尺寸有关。由于半导体（尤其是 N 型半导体）的霍尔常数 K_H 要比金属的大得多，因此霍尔元件主要由硅（Si）、锗（Ge）、砷化铟（1nAs）等半导体材料制成。此外，元件的厚度 h 对灵敏度的影响也很大，元件越薄，灵敏度就越高，所以霍尔元件一般都比较薄。

由式（3-20）还可看出，当控制电流的方向或磁场的方向改变时，输出电动势的方向也将改变。但当磁场与电流同时改变方向时，霍尔电动势并不改变原来的方向。

（2）霍尔式压力计的结构。如图 3-24 所示为霍尔式压力计结构图。弹簧管一端固定在接头上，另一端即自由端上装有霍尔元件。在霍尔元件的上、下方垂直安放两对磁极，一对磁极所产生的磁场方向向上，另一对磁极所产生的磁场方向向下，这样使霍尔元件处于两对磁极所形成的一个线性不均匀差动磁场中。为得到较好的线性分布，磁极端面做成特殊形状的磁靴。

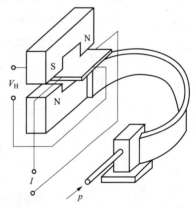

在无压力引入情况下，霍尔元件处于上下两磁钢中心即差动磁场的平衡位置，霍尔元件两端通过的磁通方向相反，大小相等，所产生的霍尔电势代数和为零。当被测压力户引入弹簧管固定端后，与弹簧管自由端相连接的霍尔元件由于自由端的伸展而在非均匀磁场中运动，从而改变霍尔元件在非均匀磁场中的平衡位置，也就是

图 3-24　霍尔式压力计的结构图

改变了磁感应强度 B，根据霍尔效应，便产生相应的霍尔电势。由于沿霍尔元件偏移方向磁场强度的分布呈线性增长状态，元件的输出电势与弹簧管的变形伸展也为线性关系，即与被测压力 p 成线性关系。

3.5　流速和流量的测量

流量即流经管道横截面的流体量与该量通过该截面所花费的时间之商。流量的表达式为

$$\left. \begin{array}{l} q_V = \dfrac{\mathrm{d}V}{\mathrm{d}t} = UA \\ q_m = \dfrac{\mathrm{d}m}{\mathrm{d}t} = \rho UA \end{array} \right\} \tag{3-22}$$

式中 q_V——体积流量，m³/s；

$\quad\quad q_m$——质量流量，kg/s

$\quad\quad V$——流体体积，m³；

$\quad\quad m$——流体质量，kg；

$\quad\quad t$——时间，s；

$\quad\quad \rho$——流体密度，kg/m³；

$\quad\quad U$——管道内平均流速，m/s；

$\quad\quad A$——管道横截面面积，m²。

流速即为流体在管道内流动时，在一定时间内所流过的距离。流速一般指流体的平均流速。用 U 表示，单位为 m/s。

3.5.1 毕托管、热线风速仪器

1. 毕托管

要了解毕托管的测速原理，首先应了解毕托管的构成。目前使用的毕托管是一根双层结构的弯成直角的金属小管，如图 3-25 所示。

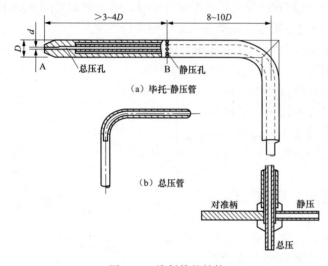

图 3-25 毕托管的结构

在毕托管的头部迎流方向开有一个小孔 A，称总压孔。在毕托管头部下游某处又开有若干小孔 B，称为静压孔。毕托管所测得的流速是毕托管头部顶端所对的那一点流速。当毕托管没有插入流场时，设某一点的流速为 u，静压为 p。为了测得该点流速，我们将毕托管顶端的小孔 A 对准此点，并使毕托管轴线与流向平行。这时，由于插入了毕托管，A 点的流速被滞止为零，压力由原来的静压 p 上升到滞止压力 p_0（或称总压 p_0）。p_0 不但包含了流体原来的静压 p，而且还包含了由流体动能转化为静压力的部分。也即 p_0 包含了流速 u 的信息。只要从 p_0 中将原来的静压 p 减去，就可得到流速值 u。

为了从理论上建立总压和静压之差与流速的关系，我们先假设流体流动为理想的不可压缩流体的定常流动。根据理想的不可压缩流体的伯努利方程，对于 A 点及下游 B 点可列出如下关系式：

$$\frac{p_0}{\rho} = \frac{u^2}{2} + \frac{p}{\rho}$$

所以

$$u = \sqrt{\frac{2}{\rho}(p_0 - p)} \qquad (3\text{-}23)$$

这就是毕托管测量流速的理论公式。式中，ρ 为被测流体的密度，$(p_0 - p)$ 为总压和静

压之差，可用差压计来测量。

值得注意的是，用毕托管测流速时，静压 p 并不是从被测点 A 测到的，而是从下游 B 点上测到的。所以，如何保证 B 点的压力就是不插入毕托管时被测点的压力 p，就成了设计毕托管的关键。

另外，不管对毕托管进行如何精心的设计，总压孔和静压孔位置的不一致，流体滞止过程中的能量损失等因素使得毕托管测到的流速 u 与差压（p_0-p）的关系不能完全由式（3-23）确定，而应进行修正。修正后的流速公式为

$$u = a\sqrt{\frac{2}{\rho}(p_0 - p)} \tag{3-24}$$

式中 a——毕托管系数，由实验标定。

如果被测介质为可压缩流体，则在流速较大时，应考虑压缩性影响的修正。

2. 热线风速仪

热线风速仪可用于测量气体或液体的平均速度、脉动速度等许多流动参数。

由于探头的几何尺寸小，对来流的干扰也小，它能测量附面层以及狭窄流道内的流动参数。另外，由于热线的热惯性较小，因而也常用以测量像透平压缩机旋转失速、燃烧室内湍流强度等类型的脉动气流参数。

（1）热线风速仪工作原理。热线风速仪是利用被电流加热的热线（热膜）的热量损失进行流速测量的。风速仪的热线探头是惠斯顿电桥舱-臂，由仪器的电源给热线供电。把热线加热到一定的温度，测量时把探头置于待测流场中，并被流动的介质所冷却，因而改变了热线的电阻值，也就改变了通过热线的电压降。热线向周围介质的瞬时散热一方面取决于被测介质的物性和流体的参数（速度、温度、压力等），另一方面取决于热线材料的物性、几何尺寸和热线相对流体流动的方向。当仅仅有介质流速唯一的因素时，即可以利用热线的瞬时散热来度量流场测点处的瞬时速度。

（2）热线风速仪的结构。热线风速仪探头分热线探头和热膜探头两种。

热线探头的热敏感元件是直径为 $0.5\sim10\mu m$，长度为 $1\sim2mm$ 的金属丝。将金属丝焊在两根金属支杆（或称叉杆）上，通过绝缘座引出接线而构成热线探头。如图 3-26 所示出几种典型的热线风速仪探头结构。

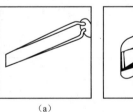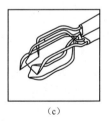

图 3-26 热线风速仪探头结构
(a) 元热线探头；(b) 热膜探头；(c) 三元热线探头

金属丝的材料和尺寸的选择取决于灵敏度、空间分辨率和强度等方面的综合要求。从测量的角度考虑，希望热线探头金属丝材料的电阻温度系数要高，电阻率要大，热传导率要小，可用温度要高。

常用的金属丝有钨丝、铂丝和镀铂钨丝。钨丝的电阻温度系数高，机械强度好，但钨丝容易被氧化，过热比不能太大，最高可用温度为摄氏 300℃。铂丝的电阻温度系数也很高，抗氧化能力强，最高可用温度达 800℃。但铂丝的机械强度差。

由于热线的机械强度低，承受的电流较小，不适于在液体或带有颗粒的气流中工作。如果要测量液体或者带有固体颗粒的气体，则多使用热膜探头。

热膜探头是在石英体或玻璃杆上喷镀一层很薄的金属膜作为探头的感受元件。大多数金属膜是铂，由于它有较强的抗氧化能力，因而有长时间的稳定性。热膜探头的优点是机械强度高，可在恶劣流场中工作，热传导损失小；受振动影响小，不存在内应力问题，信噪比高。但是它的频率响应范围比热线探头窄，工作温度较低，特别是用于液体中测量的热膜，通常只比环境温度高 20℃ 左右。

3.5.2 差压式流量计

差压式流量计（简称 DPF 流量计）是根据安装在管道中的流量检测元件所产生的差压来测量流量的仪表，其使用量一直居流量仪表的首位。差压式流量计包括节流式差压流量计、皮托管流量计、均速管流量计、弯管流量计等。其中，节流式差压流量计是一类规格种类繁多、应用极广的流量仪表。

节流式差压流量计是目前工业生产中用来测量液体、气体或蒸汽流量的最常用的一类流量仪表，其使用量占整个工业领域内流量计总数的一半以上。其具有结构简单，使用寿命长，能够测量各种工况下的单相流体和高温、高压下的流体流量等特点，但测量范围窄压力损失较大，准确度不够高，约 $\pm(1\sim2)\%$。

1. 工作原理

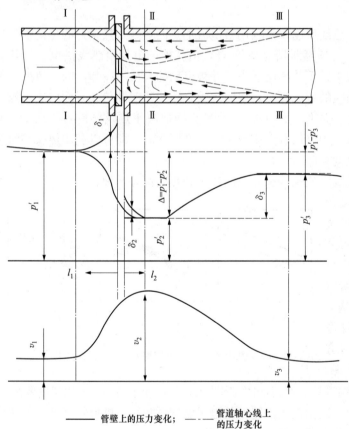

充满管道的流体，当它流经管道内的节流件时，如图 3-27 所示，流束将在节流件处形成局部收缩，因而流速增加，静压力降低，于是在节流件前后便产生了压差。流体流量愈大，产生的压差愈大，这样可依据压差来衡量流量的大小。这种测量方法是以流动连续性方程（质量守恒定律）和伯努利方程（能量守恒定律）为基础的。压差的大小不仅与流量还与其他许多因素有关，例如，当节流装置形式或管道内流体的物理性质（密度、黏度）不同时，在同样大小的流量下产生的压差也是不同的。

2. 标准结构

标准节流装置是使管道中流动的流体产生压力差的装置，由标准节流（元）件、

——— 管壁上的压力变化；----- 管道轴心线上的压力变化

图 3-27 孔板附近的流速和压力分布

带有取压口的取压装置、节流件上游第一个阻力件和第二个阻力件、下游第一个阻力件以及它们之间符合要求的直管段组成。如图 3-28 所示为以标准孔板为节流件的节流装置结构图。

节流件是节流装置中造成流体收缩且在其上、下游两侧产生差压的元件，其形式很多，有的已经标准化，如标准孔板、标准喷嘴、长径喷嘴、文丘里管等；有的尚未标准化，如锥形入口孔板、1/4 圆孔板、偏心孔板、圆缺孔板等。应用最多、技术最成熟的是国际上规定的标准节流件。

3.5.3 容积式流量计

容积式流量计又称定排量流量计，简称 PD 流量计或 PDF，它在流量仪表中是精度最高的一类；它利用机械测量元件把流体连续不断地分割成单个已知的体积部分，根据计量室逐次、重复地充满和排放该体积部分流体的次数来测量流体体积总量。

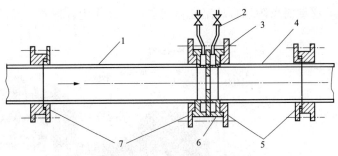

图 3-28 节流装置的机构图
1—上游直管段；2—导压管；3—孔板；
4—下游直管段；5，7—连接法兰；6—取压环室

1. 容积式流量计工作原理

PDF 从原理上讲是一台从流体中吸收少量能量的水力发动机，这个能量用来克服流量检测元件和附件转动的摩擦力，同时在仪表流入与流出两端形成压力降。

典型的 PDF（椭圆齿轮式）的工作原理如图 3-29 所示。两个椭圆齿轮具有相互滚动进行接触旋转的特殊形状。p_1 和 p_2 分别表示入口压力和出口压力，显然 $p_1 > p_2$，如图 3-29（a）所示下方齿轮在两侧压力差的作用下，产生逆时针方向旋转，为主动轮；上方齿轮因两侧压力相等，不产生旋转力矩，是从动轮，由下方齿轮带动顺时针方向旋转。在图 3-29（b）位置时，两个齿轮均在差压作用下产生旋转力矩，继续旋转。旋转到图 3-29（c）位置时，上方齿轮变为主动轮，下方齿轮则成为从动轮，继续旋转到与图 3-29（a）相同位置，完成一个循环。一次循环动作排出四个由齿轮与壳壁间围成的新月形空腔的流体体积，该体积称为流量计的"循环体积"。

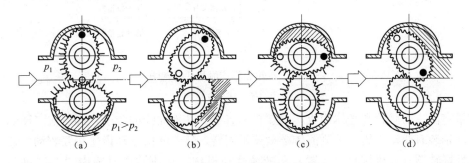

图 3-29 椭圆齿轮流量计工作原理

设流量计"循环体积"为 v，一定时间内齿轮转动次数为 N，则在该时间内流过流量计的流体体积为 V，则

$$V = Nv \tag{3-25}$$

椭圆齿轮的转动通过磁性密封联轴器及传动减速机构传递给计数器直接指示出流经流量计的总量。若附加发信装置后，再配以电显示仪表可实现远传指示瞬时流量或累积总量。

2. 容积式流量计结构

PDF 品种繁多，结构形式亦多种多样，但其主要部件组成大同小异，现以腰轮流量计作为范例说明。

腰轮流量计的结构图与构造框图如图 3-30 所示。流量计由测量部和积算部两大部分组成，必要时可附加自动温度补偿器、自动压力补偿器、发信器和高温延伸（散热）件等。

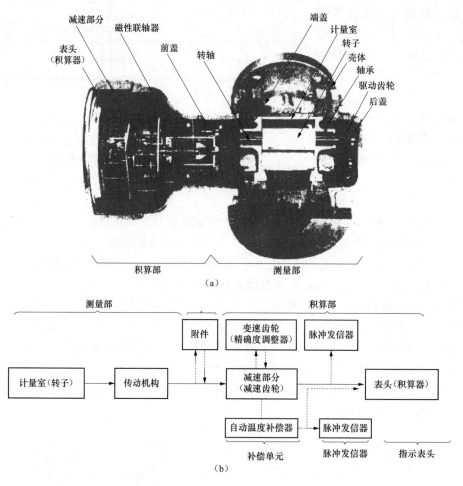

图 3-30　腰轮容积式流量计结构图

（a）结构图；（b）构造框图

计量室由一对腰轮和壳体构成，两腰轮是有互为共轭曲线的转子，即罗次（Roots）轮，与腰轮同轴装有驱动齿轮，被测流体推动转子旋转，转子间由驱动齿轮相互驱动。传动机构包括磁性联轴器（或机械密封装置）和减速变速机构。变速调整机构由"齿轮对"组合而成。积算器和指示表头类型较多，有指针式指示和数字式指示；有不带复位计数器和带复位计数器；也有带瞬时流量指示，打印机，设定部等。自动温度补偿器：对被测介质温度变化影响进行连续自动补偿，有机械式、也有电气电子式。自动压力补偿器对被测介质静压变化影响作自动修正。发信器有多种形式，有接触式和非接触式。

3.5.4　电磁式流量计

电磁流量计（简称 EMF）是利用法拉第电磁感应定律制成的一种测量导电液体体积流

量的仪表。

1. 电磁式流量计工作原理

电磁式流量计的基本原理是法拉第电磁感应定律，即导体在磁场中切割磁力线运动时在其两端产生感应电动势。如图 3-31 所示，导电性液体在垂直于磁场的非磁性测量管内流动，与流动方向垂直的方向上产生与流量成比例的感应电势，电动势的方向按"佛来明右手规则"，其值如下式：

$$E = kBD\bar{V} \qquad (3-26)$$

式中　E——感应电动势，即流量信号，V；

　　　k——系数；

　　　B——磁感应强度，T；

　　　D——测量管内径，m；

　　　$\bar{V}$——平均流速，m/s。

设流体的体积流量为 q_V（m^3/s）：

$$q_V = \pi D^2 \bar{V}/4$$

则　　$E = (4kB/\pi D)q_V = Kq_V \qquad (3-27)$

式中　K——仪表常数，$K = 4kB/\pi D$。

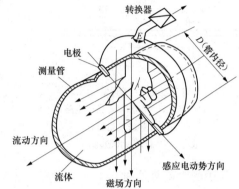

图 3-31　测量原理图

2. 电磁式流量计结构

实际的电磁式流量计由流量传感器和转换器两大部分组成。传感器典型结构示意如图

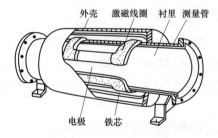

图 3-32　电磁式流量计传感器结构

3-32 所示，测量管上下装有激磁线圈，通激磁电流后产生磁场穿过测量管，一对电极装在测量管内壁与液体相接触。引出感应电动势，送到转换器。激磁电流则由转换器提供。

3.5.5　超声波流量计

利用超声波测量液体的流速很早就有人研究，但由于技术水平所限，一直没有很大进展。随着技术的进步，不仅使得超声波流量计获得了实际应用，而且发展很快。超声波流量计的测量原理，就是通过发射换能器产生超声波，以一定的方式穿过流动的流体，通过接收换能器转换成电信号，并经信号处理反映出流体的流速。

超声波流量计对信号的发生、传播及检测有各种不同的设置方法，构成了依赖不同原理的超声波流量计，其中典型的有：速度差法超声波流量计、多普勒超声波流量计、声速偏移法超声波流量计、噪声法超声波流量计。

上述各种超声波流量计均有实际应用，但用得较多的还是速度差法超声波流量计和多普勒超声波流量计，具体介绍下这两种流量计的测试原理。

1. 速度差法超声波流量计

速度差法超声波流量计是根据超声波在流动的流体中，顺流传播的时间与逆流传播的时间之差与被测流体的流速有关这一特性制成的。所测物理量的不同，速度差法超声波流量计可分为时差法超声波流量计、相位差法超声波流量计和频差法超声波流量计三种。

测量原理如图 3-33 所示，在管道上、下游相距 L 处分别安装两对超声波换能器 T_1、R_1 和 T_2、R_2。设声波在静止流体中的传播速度为 c，流体流动的速度为 v。当超声波传播方向与流体流动方向一致，即顺流传播时，超声波的传播速度为（c＋v），而当超声波传播方向与流体流动方向相反，即逆流传播时，超声波的传播速度为（c－v）。顺流方向传播的超声波从 T_1 到 R_1，所需时间为

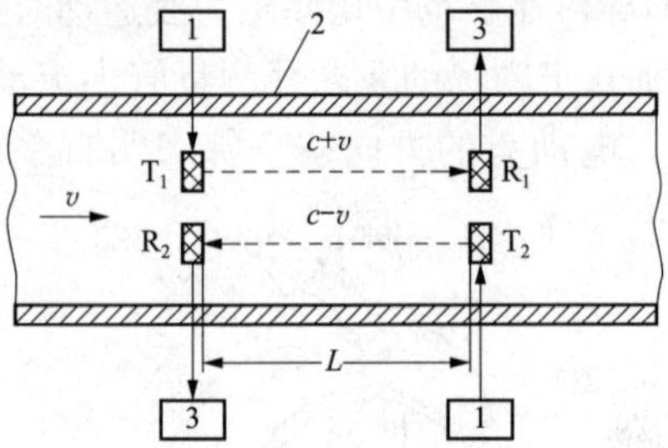

$$t_1 = \frac{L}{c+v} \qquad (3\text{-}28)$$

逆流方向传播的超声波是从 T_2 到 R_2，则所需时间为

$$t_2 = \frac{L}{c-v} \qquad (3\text{-}29)$$

用式（3-28）减去式（3-29），得逆、顺流传播超声波的时间差 Δt 为

$$\Delta t = t_2 - t_1 = \frac{2vL}{c^2 - v^2} \qquad (3\text{-}30)$$

一般情况下，被测液体的流速为每秒数米以下，而液体中的声速每秒约1500m，即满足 $c^2 \gg v^2$，所以

$$\Delta t = \frac{2vL}{c^2} \qquad (3\text{-}31)$$

此时，流体的流速为

$$v = \frac{c^2}{2L}\Delta t \qquad (3\text{-}32)$$

图 3-33 时差法超声波流量计原理图
1—发射电路；2—管道；3—接收电路；T_1，T_2—超声波发射器；R_1，R_2—超声波接收器

2. 多普勒超声波流量计

多普勒超声波流量计是基于多普勒效应测量流量的，即当声源和观察者之间有相对运动时，观察者所接收到的超声波频率将不同于声源所发出的超声波频率。两者之间的频率差被称为多普勒频移，它与声源和观察者之间的相对速度成正比，故测量频差就可以求得被测流体的流速，进而得到流体流量。

利用多普勒效应测流量的必要条件：被测流体中存在一定数量的具有反射声波能力的悬浮颗粒或气泡。因此，多普勒超声波流量计能用于两相流的测量，这是其他流量计难以解决的难题。

多普勒超声波流量计具有分辨率高，对流速变化响应快和导电率等因素不敏感，没有零点漂移，重复性好，价格便宜等优点。因为多普勒超声波流量计是利用频率来测量流速的，故不易受信号接收波振幅变化的影响。与超声波时间差法相比，其最大的特点是相对于流速变化的灵敏度非常大。

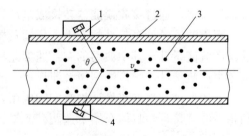

图 3-34 多普勒超声波流量计原理图
1—发射换能器；2—管道；3—散射粒子；4—接收换能器

多普勒超声波流量计的原理如图 3-34 所示。在多普勒超声波流量测量方法中，超声波发射器和接收器的位置是固定不变的，而散射粒子是随被测流体一起运动的，它的作用是把入射到其上的超声波反射回接收器。因此可以把上述过程看作是两次多普勒效应来考虑。

第4章 热工测量新技术与新设备

4.1 红外热像仪

红外热像仪是利用红外辐射原理，通过测取物体表面的红外辐射能，将被测物体表面的温度分布转换为形象直观的热像图像的一种仪器。它具有以下特点：

（1）测量结果直观形象。红外热像仪以彩色或黑白图像的方式输出被测目标表面的温度场，不仅比单点测温提供更为完整、丰富的信息，且非常直观形象。

（2）非接触测量。红外热像仪测量的是物体表面的红外辐射能，不需直接接触被测物体，因而不会干扰被测的温度场。

（3）测量范围宽。红外热像仪测量温度的理论下限是绝对零度以上，没有理论上限。目前实际的辐射测温上限可达 5000～6000℃。

（4）响应速度快。传统的测温技术（如热电偶）的响应时间一般为秒级，而热像仪测温的响应时间多为毫秒甚至微秒级，可以用来测量快速变化的温度场。

由于红外热像仪具有上述特点，因而它非常适合温度场的测量，广泛应用于测量固体表面的温度。目前，红外热像仪已广泛应用于电力电气、建筑、微电子、机械、冶金、化工、食品、林业、消防等领域。

4.1.1 红外热像仪的工作原理与结构

红外热像仪是利用红外扫描原理测量物体表面温度分布的。它可以摄取来自被测物体各部分射向仪器的红外辐射通量。利用红外探测器，按顺序直接测量物体各部分发射出的红外辐射通量，综合起来就得到物体发射红外辐射通量的分布图像，这种图像称为热像图。由于热像图本身包含了被测物体的温度信息，也有人称之为温度图。红外热成像仪首先运用一光学系统将物体发出的红外辐射能收集起来，红光机扫描后聚焦于红外探测器上，产生一与物体温度有关的电子视频信号，经放大处理后送显示器显示，就能获得物体的红外热分布图像。其结构流程如图 4-1 所示。

红外热像仪的主体一般由两部分组成，即红外摄像头（包括光学系统、光机扫描机构、探测器及扫描同步机构等）和处理器（即主系统，包括前置放大器及视频处理器等）。如图 4-1 所示，由光学扫描机构扫描到的目标物体发

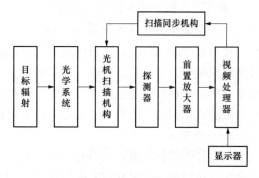

图 4-1 红外热像仪结构示意图

出的红外辐射能进入到红外探测器中，并在其中转换成电信号，然后由前置放大器把该信号放大，进入到视频处理器中把电信号转换成数字信号，当获得一幅完整的图像信息后，就在显示器上显示该物体的伪彩色图像（利用不同颜色表示不同温度分布的图像），通过观察图像的颜色分布来确定物体的温度场分布。

红外探测器是热像仪的核心部件。在现代热成像装置中广泛应用了基于窄禁带半导体材料的光子探测器。这种器件之所以受到重视，主要是它具有高的探测率和较合适的工作温度。原则上，选择高探测率的探测器最好。而对探测器的响应时间也有一定要求，它不应低于瞬时视场在探测器上的驻留时间，同时还要求探测器的输出阻抗与紧接在后面的电路参数相匹配，这样才能获得较好的传输效率。在热像仪中，红外探测器输出的信号非常微弱，只有通过充分放大和处理后才能加以显示，因此信号放大和处理电路是热成像装置中的重要组成部分。为此常在靠近探测器的地方放置小型前置放大器，使弱信号经过适当放大后，通过低阻抗屏蔽式的电缆、传输到信号处理电路上。

红外热成像仪的图像显示有如下两种方法：

（1）光源显示视频信号经放大与处理后，其输出信号直接驱动发光二极管、等离子显示板或辉光放电管等光源，使之显示出目标表面红外辐射能量分布情况。这种显示方法的优点是可以得到亮度较高的图像，但图像清晰度不很好。

（2）电视屏幕显示法。这种方法使用较为普遍。它是把经放大和处理的信号输入到电视显像管中，在荧光屏上便显示出目标的红外图像。

4.1.2　红外热像仪检测方法和测量精度的影响因素

利用红外热成像仪进行温度测量，首先选择典型的测点后，结合热像仪的性能指标，充分考虑距离系数，确定热像仪的固定位置，然后使用干球温度计测量环境温度并在热像仪上设定，调整热像仪上所需的基础参数，再就可以使用红外热像仪对物体表面进行水平拍摄，这样可以得到一个完整有效的红外热像图片，最后使用红外热像仪的计算机图像处理与分析系统来对红外热像图像进行所需的数据处理。如图4-2所示为红外热成像仪工作流程图。

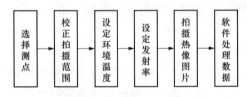

图4-2　红外热成像仪工作流程图

实际测温过程中的影响因素主要有以下四个方面：被测物体发射率、背景噪声、光路的吸收与散射与红外成像测温仪的稳定性。

1. 被测物体发射率对测温的影响

红外热像仪是通过测量在一定波长范围内物体表面的辐射能量，再换算成温度的。但是，物体表面的辐射能量不仅由表面温度决定，还受表面发射率影响。为了解决被测物体发射率对测温的影响，在红外热成像系统中都设置了发射率设定功能，只要事先知道被测物体的发射率，并在测温系统中予以设定，便可得到正确的温度测量结果。因此，为获得物体表面准确的真实温度，需要预先确定被测表面的发射率。

2. 背景噪声

利用红外辐射测温，当信号非常小时，低于常温的测量将受背景噪声的影响，在室外，阳光的直接辐射、折射和空间散射是主要的背景噪声。室内测量时，来自待测物体周围辐射的反射光有时极大地影响测量结果，因此在测温时必须考虑上述影响因素，采取的基本对策如下：

（1）准确对焦距，避免非待测物体的辐射能进入测试角。

（2）在待测物体附近设置屏避物，以排除外界干扰。

（3）室外测量时，选择有云天气或晚上以排除日光的影响。

（4）物体发射率越低，辐射、反射的影响越大，因而应采用发射率高的涂料。

3. 光路的吸收与散射

被测物体辐射的能量必须通过大气才能到达红外热成像仪。由于大气中某些成分对红外辐射的吸收作用，会减弱由被测物体到探测器的红外辐射，引起测温误差，另外大气本身的发射率也将对测量产生影响。为此，除了充分利用"大气窗口"以减少大气对辐射能的吸收外，还应根据辐射能在气体中的衰减规律，在热成像仪的计算软件中对大气的影响予以修正。

4. 红外成像测温仪的稳定性

与其他仪器不同的是，红外热成像仪在很大程度上受环境温度的影响，实际上待测温度低于常温时，环境温度变化的影响甚至大于信号的变化，这是由于红外透镜自身存在一些不可避免的影响因素，尽管仪器设计中考虑了某种补偿措施，但最好是使仪器的使用温度维持在恒定的温度，当环境温度高度规定值时，最好冷却仪器。

4.2　温度场的激光全息干涉测量

激光全息干涉成像技术是近几年发展起来的一种非接触式测量技术，它是以光的波动理论为基础发展起来的一种记录和显示物体图像的方法，能同时记录下发射光波的振幅和位相等全部信息。当光波通过物体后，由于物体的折射、反射等作用，使原始光波的位相、振幅等发生改变，如果记录下改变后的位相与振幅，通过与原始位相和振幅进行比较与分析，就可获得物体的相关信息，这就是激光全息干涉成像技术在测量中应用的基本原理。

应用激光全息干涉成像技术进行测量时，由于没有与被测物体的直接接触，因而不会对被测物体产生干扰，同时由于它还具有全场性的特点，可以同时获得被测物体的多个场性参数，提高了测量的精度，减少了测量次数，有着传统方法无法获得的优势，在近代测量与显示技术中获得了较快的发展。在热量传递及流体流动等研究领域中，这一技术也得到了广泛的应用，如用来进行流动显示、传热传质过程研究、温度场显示与测试等。因而广泛应用于气体动力学、传热流动、燃烧等领域。

4.2.1　激光全息技术测量温度场的基本原理

激光全息干涉技术种类较多，可以分为双曝光全息干涉、实时全息干涉、双波长全息干涉、多次曝光、连续曝光、非线性记录波长方法等，而在传热传质、流动领域中前三种方法用得较为普遍。下面主要介绍实时激光全息干涉法测量温度场的基本原理。

应用实时激光全息干涉技术实现温度场可视化与测量，是在专门的光路系统中，首先在被测温度场未发生变化时，通过物光波与参考光波在全息干板上形成的干涉图像而记录下温度场的初始状态，并对获得的全息干板进行显影、定影处理后，重新将该全息干板准确复位于光路中的原来位置。然后，改变温度场，将参考光波与通过测试温度场的物光波同时照射到全息干板上，使直接透过全息图的被测物光波与原始物光波相干涉。随着被测温度场的不断变化，记录下每一时刻的全息干涉图就可获得实时全息干涉图即明暗相间的实时干涉条纹。对于温度场测量而言，需同时从多个方向记录其全息干涉图像才能获得比较准确的温度场信息。

根据干涉方程：

$$s(x,y) = \frac{1}{\lambda} \int_0^L [n(x,y,z) - n_0] \mathrm{d}z \tag{4-1}$$

式中　$s(x,y)$——干涉条纹的位，即条纹间距，m；

λ——采用激光的波长，m；

L——测试段的长度，m；

$n(x,y,z)$——受扰动后温度场折射率的空间分布；

n_0——未受扰动时温度场的折射率。

可知，干涉图像中两条明条纹或暗条纹间的间距只与照射激光的波长、被测温度场的折射率空间分布有关。而折射率在空间的分布又反映了被测物体密度场的分布，其关系可由Lorentz-Lorenz 方程表达：

$$N(\lambda) = \frac{n(\lambda)^2 - 1}{n(\lambda) - 2} \frac{M}{\rho} \tag{4-2}$$

式中　$N(\lambda)$——被测温度场中流体分子的折射率，其值与物质的种类和激光波长 λ 有关；

$n(\lambda)$——被测温度场中折射率在空间的分布，即 $n(x,y,z)$，与流体密度 ρ 和激光波长 λ 有关；

M——被测温度场中流体的分子量；

ρ——被测温度场中流体的密度。

因此，对获得的干涉条纹图像进行处理与分析，求得相邻条纹的间距 $s(x,y,z)$ 后，通过式（4-1）即可求出被测温度场中某处（如高度为 z 处）流体的折射率分布 $n(x,y,z)$ 或 $n(\lambda)$，将其代入式（4-2）中，即可获得流体的密度分布与折射率分布之间的关系。在已知被测流体的压力、温度、密度之间的关联式后，就可通过测量折射率的分布（亦即密度的分布）而获得温度值的分布。如果被测流体的压力维持不变，则密度或折射率的分布就只与温度的分布有关，通过变换就可获得温度分布与折射率分布之间的关系，即可通过折射率的空间分布求得温度场的分布。因此，通过对干涉条纹的分析可获得温度场的分布。

应用激光干涉技术获得的干涉条纹，还有有限宽条纹与无限宽条纹之分。所谓有限宽条纹是指引入参考条纹（通常是被测流场等未受扰动时获得的一系列相互平行的干涉条纹，可通过微小改变光路中任一反射镜的角度而获得）后的干涉条纹。在有限宽干涉条纹中，测试段未受扰动的部分呈现为等间距的相互平行的条纹，而在测试段受到扰动的部分则出现条纹扭曲，依据条纹的扭曲状态不仅可以确定条纹位移量 s 的大小，还可以确定 s 的正负号，从而可以直接利用全息干涉图确定被测温度场的变化趋势。有限宽条纹并不直接反映被测物体温度场的等值分布，不便于直观地进行定性分析，但便于定量分析获得温度场的数值及判断干涉条纹系列的正负号。而无限宽条纹则是没有参考条纹的干涉条纹（初始状态时的干涉条纹呈现为亮度均匀的一片或单一条纹），它能直接反映被测物体的密度等值分布或温度等值分布，即在温度场的测试中干涉条纹反映的就是等温线。如果能提供参考温度等，利用无限宽条纹也能获得温度场的数值。因此实现温度场的可视化，只要同时从几个方向记录被测温度场的无限宽条纹即可。

4.2.2　激光全息技术测量温度场的实验系统

激光全息技术测量温度场的实验系统图如图 4-3 所示，下面以马赫-曾德激光干涉仪进

行说明。平行激光束射到分光镜 BS1
被分成两束相互垂直的光束，一束经
全反射镜 M1 和分光镜 BS2 投射到屏
幕上，称为参考光；另一束经全反射
镜 M2 和分光镜 BS2 投射到屏幕上，
由于该光束经过实验段，称为物光。
参考光和物光在同一接受屏上汇聚而
产生干涉现象，如果四面镜子都精确
地与平行入射光束成 45°角，那么当
物光没有受到测试流场的扰动时，屏

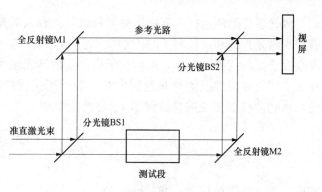

图 4-3　马赫-曾德激光干涉仪实验系统图

幕上将出现光强分布均匀的光场，看不到干涉条纹。若物光受到测试段流场的扰动，屏幕上
则会出现干涉条纹。因而可以根据干涉条纹进行温度场的测量。

4.3　激光多普勒测速仪测速技术

　　激光多普勒测速仪（laser doppler velocimeter，LDV）是利用激光多普勒效应的原理测
量流体或固体运动速度的一种非接触式测量仪器。它利用流体中的示踪粒子或固体表面的散
射粒子对入射激光进行散射，并利用光电探测器检测此散射光发生的频移，根据其中所包含
的速度信息（粒子散射光的频移与粒子速度呈严格的线性关系）得到流体或固体表面的运动
速度。它可以通过控制入射光束夹角的大小精确地控制被测空间大小，使光束在被测点聚集
成为很小的探测区域而获得分辨率为几十微米的极高的测量精度；而且从原理上讲，LDV
响应没有滞后现象，能跟得上快速变化的跳动；它还可以实现一维、二维、三维的速度测
量；从理论上看 LDV 输出信号的频率和速度成线性关系，它能覆盖从每秒几毫米到超声速
很宽的速度范围，并且测量过程中不受压力、温度、密度、黏度等外部环境的影响。
　　总的来说，激光测速的主要优点在于非接触测量、线性特性、空间分辨率高、快速动态
响应和测量范围大。随着电子技术的发展，激光测速在测量精度和实时性上都具有突出优
点。现在 LDV 已成为科学研究和实际工程中测量固体表面运动速度和复杂流场流动速度的
一种有力手段，广泛地应用于能源、水利、化工、医学、冶金、航空、机械制造、汽车制
造、电子等行业。

4.3.1　激光多普勒测速仪的工作原理

　　多普勒效应是 19 世纪德国物理学家多普勒（Doppler）发现的声学效应。它是指在声源
和接收器之间存在着相对运动时，接收器收到的声音频率不等于声源发出声音的频率，即存
在一个频率差，这一频率差称为多普勒频差或频移。多普勒频差的大小与声源和接收器间的
相对运动的速度大小和方向有关。1905 年爱因斯坦在狭义相对论中指出，光波也具有类似
的多普勒效应。当光源与接收器之间存在相对运动时，发射光波与接收光波之间会产生频率
偏移，其大小与光源和光接收器之间的相对速度有关。这种现象称为光学的多普勒效应。
　　利用激光多普勒效应测量流体速度的基本原理可以简述如下：当激光照射到跟随流体一
起运动的微粒上时，激光被运动着的微粒散射。散射光的频率和入射光的频率相比较，有正
比于流体速度的频率偏移。测量这个频率偏移，就可以测得流体速度。

激光多普勒测速技术依靠运动微粒散射光和入射光的频移来获得速度信息，因此，存在着静止激光光源和运动离子的传播关系。如果某一运动粒子 P 穿过一束入射激光，当其速度垂直于光的传播方向时，运动粒子所接受的激光频率与入射激光本身的频率相等。若速度在光的传播方向的投影与光速同向时，粒子所接受的频率就偏低，反之则偏高。根据相对论，运动微粒 P 接受的光波频率 f_p 与光源频率 f_0 之间的关系为

$$f_p = f_0 \left[1 - \frac{v \sin\left(\frac{\theta}{2}\right)}{c} \right] \tag{4-3}$$

式中　f_p——微粒接受频率，Hz；

　　　f_0——入射激光频率，Hz；

　　　v——微粒的运动速度，m/s；

　　　c——光速，m/s；

　　　θ——两束激光的交角，°。

入射光源频率 f_0 与微粒接受的光波频率 f_p 之差为

$$\Delta f = f_0 - f_p = f_0 \frac{v \sin\left(\frac{\theta}{2}\right)}{c} \tag{4-4}$$

对于一对交角为 θ 的相交激光，运动微粒对两束光的接受频率分别为 $f_1 = f_0 - \Delta f$，$f_2 = f_0 - \Delta f$。微粒散射光中包含这两种频率，两者之差所产生多普勒频移为

$$f_D = f_2 - f_1 = 2f_0 \frac{v \sin\left(\frac{\theta}{2}\right)}{c} = 2 \frac{v \sin\left(\frac{\theta}{2}\right)}{\lambda_0} \tag{4-5}$$

式中　f_D——多普勒频移，Hz；

　　　λ_0——入射激光波长，m。

用散射光接收系统接收粒子的散射光，测出此频移就可算出微粒的速度 v_0，若粒子的速度等于流体的运动速度，则 v 就是速度。

根据激光多普勒测速原理式（4-3），垂直于光束夹角平分线方向的速度分量 u_x 与多普勒频移成正比；因为频率是没有方向的量，如果 u_x 大小相等，方向相反，则测得的多普勒频移是相等的。因此，仅根据频移只能求出速度分量数值的大小，而无法识别速度的方向，即用多普勒频移测速度存在一个方向模糊问题。

要识别流速的方向，通常是在激光束的入射光学单元中加装频移装置。即使入射到散射体的两束光之间的一束光的频率增加，这样散射体中的干涉条纹就不再是静止不动的了，而是一组运动的条纹系统。常采用的频移装置是声光器件（bragg cell），它的频移量一般在 40MHz 以上。在预置了固定的频移量后，即使微粒速度为零，光检测器仍在频率为固定频移量的交流信号输出。当微粒正向穿过测量体时，光检测器输出频率高于固定频移量。适当选择固定频移量，就不会有速度波形的失真问题。

4.3.2　激光多普勒测速仪测速系统

1. 激光多普勒测速系统组成

激光多普勒测速系统主要由激光光源、入射光系统、接收光系统和信号处理器等部分组成。

（1）激光光源。根据多普勒效应测速要求入射光的波长稳定且已知。由于激光具有很好的单色，波长精确、稳定，而且激光还具有很好的方向性，可以集中在很窄范围内向特定方向传播，容易在微小的区域上聚焦而产生较强的光，便于检测。因此，采用激光器作为光源是很理想的。激光器按发光方式可分为连续激光器和脉冲激光器。激光多普勒测速仪常采用连续气体激光器，如氦-氖激光器和氩离子激光器。氦-氖激光器发出的是红光（$\lambda=632.8\text{nm}$），其发出的激光功率是几毫瓦到几十毫瓦；氩离子激光器发出的是混合光激光束，使用时须分光，分光后能分别得到绿光（$\lambda=514.5\text{nm}$）、蓝光（$\lambda=488.0\text{nm}$）和紫光（$\lambda=476.5\text{nm}$）三种光束，其发出的激光功率是瓦数量级。由微粒发出的散射光，其强度随入射光波长而增强。所以，使用波长较短的激光器有利于得到较强的散射光，便于检测。

（2）入射光系统。入射光系统包括光束分离器和发射透镜。双光束系统要求把同一束激光按等强度分成两束，这项工作由光束分离器来完成。为了进行多维速度测量，要求光束分离器将激光束按一定要求分成多束相互平行的光束。发射透镜将来自光束分离器的平行光通过聚焦透镜会聚到测量点。在双光束双散射工作模式下，两束光的相交区域近似一个椭球体，其体积决定了测速仪的灵敏度和空间分辨率。

（3）接收光系统。接收光系统包括接收透镜和光检测器。接收透镜的作用是收集流体中示踪微粒通过测量体时发出的散射光，即由透镜将收集的散射光会聚到光检测器。光检测器的作用是将接收到的光信号转换成电信号，即得到多普勒频移的光电信号。光检测器的种类很多，有光电倍增管、光电管和光电二级管等。由于光电倍增管在低功率光的照射下有较好的信噪比，所以，光电倍增管是激光测速仪中常用的光电检测器。

（4）信号处理器。信号处理器的作用是将接收来自光电接收器的电信号，从中取出速度信息，把这些信息传输给计算机进行分析、处理和显示。多普勒信号处理器应根据所测流体或固体运动的不同而选择不同的信号处理器。

2. 激光多普勒测速仪典型光路

激光多普勒测速的布置有三种基本模式，即参考光模式、单光束双散射模式和双光束双散射模式，三种基本光学模式可以用不同的光路结构来实现。下面仅介绍应用最为广泛的双光束双散射模式的双光束光路系统，其他光学模式的光路系统可查阅有关文献。

双光束双散射模式的光路系统如图 4-4 所示。由激光光源产生的激光束经光束分离器和反射镜分成两束平行光，由聚焦透镜聚集到测量点处，两束激光都被运动微粒散射后由光电检测器接收。为了增大光检测器接收的微粒散射光强度，在光检测器前设置大口径接收透镜聚焦散射光束。两束散射光在光检测器内混频，输出频率等于多普勒频移的交流信号。

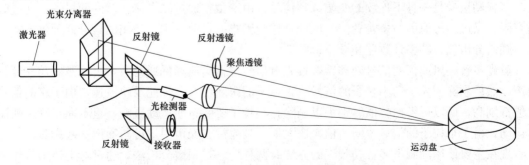

图 4-4　激光多普勒测速光路结构图

在这三种基本光路系统中，双光束法应用得较多。三种光路系统，又都可分为前向散射方式和后向散射方式。入射光学系统和接收光学系统分别位于实验段的两侧，称为前向散射方式；入射光学系统和接收光学系统在实验段的同一侧，称为后向散射方式。目前常采用前向散射方式，因为在这种方式下，粒子散射光强度大，信号的信噪比高。但在热工设备的流场测量中，由于实验台架较大及在实验段开测量窗口困难等原因，只能采用后向散射方式。

4.3.3 激光多普勒测速仪信号处理系统

1. 激光多普勒信号特点

光检测器输出的既有幅度和频率的调制信号，也有宽频带的噪声信号，而速度的信息只由频率分量提供。信号处理系统的任务就是从光检测器输出的信号中提取反映流速的频率信号。激光多普勒信号有如下特点。

(1) 多普勒信号是一个不连续的信号。在激光多普勒测速中，多普勒信号是靠跟随流体一起运动的粒子散射得到的，而测量体中散射粒子是不连续的，粒子在测量体中的位置、速度和数量都是随机的，因此多普勒信号是不连续的。粒子浓度越低，这种不连续性就越严重；粒子浓度越高，连续性则变好。但增大测量体体积或粒子浓度，往往会影响测量空间的分辨率或流动特性。因此针对多普勒信号不连续的特点，应选择合适的粒子浓度，并在信号处理系统中采取适当的措施，以消除信号不连续的影响。

(2) 光检测器接收的信号是测量体体积内散射粒子的散射光束信号的总和。对定常流动，由于各粒子流入测量体的时间不同，对应的相位也不同，这相当于在多普勒频移中叠加了一项扰动量。在非定常流动中，测量体内粒子的瞬时速度不同，从而会引起附加的相位起伏和频移变化。因此当测量体中的粒子多于一个时，其多普勒频移是一个有限的带宽，称为频率加宽。妥善处理频率加宽是多普勒信号处理的重要内容之一。

(3) 多普勒信号弱，而整个测量系统又不可避免地会带入各种噪声，所以多普勒频移的信噪比低。因此在多普勒信号处理中要充分考虑信噪比低这一特点。

(4) 多普勒信号是一个调频信号。如果流场中某点存在一定强度的湍流度，则对应的多普勒信号就是一个调频信号。该多普勒调频信号反映多普勒频率和其对应的流场中的瞬时速度随时间的变化。

(5) 多普勒信号还是一个变幅信号。当粒子横穿测量体时，由于测量体边缘光弱，中心光强，所以粒子穿越边缘时，散射光弱；粒子穿越中心时，散射光强。因此，多普勒信号是一个近似于高斯曲线规律变化的变幅信号。

2. 激光多普勒的信号处理

多普勒信号是一种不连续的变幅调频信号。由于微粒通过测点体积时的随机性、通过时间有限、噪声多等原因，多普勒信号的处理比较困难。目前，主要使用的信号处理仪器有三类：频谱分析仪、频率计数器和频率追踪器。

激光多普勒风速仪的信号处理器，首先对信号进行高通和低通滤波，去除基底及一部分噪声，然后剔除大粒子和小粒子的信号。大粒子的跟随性太差不能反映流速，由于它的信号幅值特别高，所以可根据幅值鉴别加以剔除；小粒子要受布朗运动影响，也不能正确反映流体运动，由于小粒子的信号太弱，信噪比太低，被淹没在噪声中，可与噪声一起剔除。

现在主要使用的测量多普勒频率的方法有两种。一是频谱分析法，通过对上述信号作频谱分析，求其频率。这种方法的基本原理是对采样信号进行傅里叶分析，该法的优点是降低了数字采样率，提高了仪器的分辨率；二是波群自相关分析法，通过对上述信号作自相关计算，求其频率。这种方法的基本原理是对采样信号进行自相关分析。信号的检测是建立在与信号振幅无关的信噪比（SNR 值）基础上。因此对信号的信噪比要求降低，并提高了数字化速率和实时性能。测速的结果建立在大量统计数据的基础上。信号处理器以每秒几十万个样本的速率采集粒子信号。剔除不合格信号，保留合格的信号，将其频率值进行平均，求出对应的平均流速。并计算测得值的偏差加以统计，以求得满流度等各种湍流参数。

4.4　粒子图像速度场仪（PIV）测试技术

粒子图像速度场仪（particle image velocimetry，PIV）是近 10 余年发展起来的流场测速技术。它能够测量定常、非定常、二维或三维速度场，并能够把整个速度场上的速度矢量描绘出来。PIV 测试技术属于高精度、非接触、多点测速技术。对于已有的测速技术来说，精度高的单点测量技术（像 LDV 测试技术）难以获得流场的瞬态图像，即使能获得流动瞬态图像的流动显示（如染色液、烟气或氢气泡等）也很难获得精确的定量结果。热线技术是最早实现多点测量技术的方法，但这种方法干扰和破坏了流场，难以满足瞬态流场测试的需要。PIV 技术将定性的流动显示和定量的速度场测量集于一身，并应用当今先进的测试技术，在同一瞬间将速度场测量并记录下来。由于 PIV 的测量结果具有较高的空间率和时间分辨率及瞬态特性，其测量结果不仅可以直接与数值计算结果进行比较，而且它具有不干扰流场、信息量大等突出优点，突破了传统测量的限制，可同时无接触的测量流场中的速度分布，且具有较高的测量精度，它为定量瞬时测量全场流速提供了可能。随着图像技术、光学技术和计算机技术的发展，它是具有广阔发展前途的一种新型测速技术。

4.4.1　PIV 测速的技术背景

PIV 技术的产生具有深刻的科学技术发展历史背景，首先是瞬态流场测试技术的需要。比如燃烧火焰场，内燃机，垂直起飞飞机和直升机水平机翼运动表面附近流动情况，流动控制技术，自然对流，火箭发射，尾部流场，火炮发射口流场等都是典型的瞬态流场。就已有的经典测量技术来说，精度高的单点测量技术难以获得流场的瞬态图像，而能获得流动瞬态图像的流动显示又很难获得精确的定量结果。更细致的流动图像也很费事，更主要的是难以获得瞬态流场测试的需要。PIV 技术的产生也有其技术基础。首先就是图像处理技术的发展和阵列式计算机的产生给处理图像提供了现实可能。这是技术发展的大局决定了的，它注定将会使流场显示所获得的定性图像推向定量化。可以说粒子图像测速技术所用的多数方法是经典的流动显示技术的自然延伸和扩大。

相对激光多普勒测速仪（LDV）、热线风速仪、激光诱导荧光等方法来说，它有着以下几点优势：

（1）已经完全摆脱了（LDV）单点测试的局限，能进行二维和三维全场瞬时测量。

（2）对流场干扰小并可以获得流动的瞬时速度场、涡量场、雷诺应力分布等各项参数。

（3）PIV 非常适用于研究涡流、湍流等复杂的流动结构。

（4）在多相流动流场，它完全摆脱了两相或多相流动内部的相间祸合的复杂问题。

4.4.2　PIV 测速的基本原理

PIV 技术的基本原理：在流场中散播一些示踪性与反光性良好且密度与流体相当的示踪

粒子，用自然光或激光片光源照射所测流场区域，形成光照平面，使用 CCD 等摄像设备获取示踪粒子的运动图像，并记录相邻两帧图像序列之间的时间间隔，并对拍摄到的连续两幅 PIV 图像进行互相关联分析，识别示踪粒子图像的位移，从而得到流体的速度场。归纳起来，PIV 测试技术可由三步完成：①双曝光方法摄取流场的粒子图像；②分析图像并提取速度信息；③显示速度矢量场。

4.4.3　PIV 测试系统构成

PIV 测试系统一般由 3 部分组成，二维 PIV 系统组成示意图如图 4-5 所示。

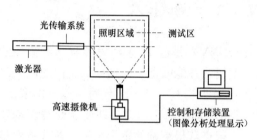

图 4-5　二维 PIV 系统组成示意图

（1）直接反映流场流动的示踪粒子。对示踪粒子的要求，不仅要满足无毒、无腐蚀、稳定等，还要满足流动跟随性和散光性等要求。要使粒子的流动跟随性好，就需要粒子的直径较小，但这会使粒子的散光性降低，不易成像。因此在选取粒子时需要综合考虑各个因素。总之，粒子选取的原则为粒子的密度尽量等于流体的密度，粒子的直径要在保证散射光强的条件下尽可能小。实验中经常用到的示踪粒子有聚苯乙烯、铝、镁、二氧化钛及玻璃球等。

（2）成像系统。这部分主要由激光片光源、透镜及照相机构成。其中片光源由脉冲激光通过球面镜和凸透镜将光线进行聚集，形成几乎平行的片光源，片光要尽可能的薄（一般在 1mm 以下）。其厚度控制对于二维的 PIV 非常重要，将影响所测量的准确度，如果太厚就会把三维的速度压入二维，不能如实反应流场的二维分布。成像机械多使用 CCD 数字摄像机，分辨率及最大采集帧数略有不同。曝光脉冲要尽可能短，曝光间隔能随流场速度及其分辨率的不同而进行调节，一般都采用双脉冲激光器作为光源，水中的曝光能量在几十毫焦时可得到理想的曝光图像，空气中要求会高些。

（3）图像处理系统。用于完成从 2 次曝光的粒子图像中提取速度场。其图像采集、处理系统又包括控制器、图像采集卡及开发的软件程序。PIV 测速算法大多采用较流行的快速傅里叶变换，通过计算连续 2 幅图像中相应位置的小区域的互相关函数，来得到小区中粒子图像的平均位移和速度的大小。

4.4.4　PIV 测速中粒子图像的处理

PIV 通过采集后得到的粒子图像，常采用数字图像处理技术。用摄像机记录的是整个待测区域的粒子图像，因此，应先用计算机数字图像处理技术将图像分成许多很小的区域（称为查问域），选择查问域；然后，判定该查问域中每个粒子的前后位置，就可确定粒子的位移和方向。在查问域的图像场中包含了大量的小粒子，在这样的场中是很难依靠直接粒子跟踪法去识别正确的粒子图像，此时就要使用直接空间相关法（自相关法或互相关）统计技术，对此查问域的粒子数据进行统计平均，得出该测点的速度矢量。进一步对所有小的区域进行上述判定和统计，从而得到整个速度场。

第5章 热 工 实 验

5.1 物体热物性测定

5.1.1 空气比定压热容的测定

气体的比定压热容是计算在定压变化过程中气体吸入（或放出）热量的一个重要参数，通常用质量千克作为计量物量的单位，得到的是比热容，它的单位是 J/(kg·K)，用符号 c_p 表示，则

$$c_p = \frac{\mathrm{d}q}{\mathrm{d}T} \tag{5-1}$$

所以气体比定压热容的测定实验是工程热力学基本实验之一，实验中涉及温度、压力、热量、流量等基本量的测量，计算中用到比热容及混合气体（湿空气）方面的基本知识。

1. 实验目的

本实验的目的是增加学生对热物性实验及研究等方面的感性认识，促进理论联系实际，有利于培养其分析问题和解决问题的能力。实验中要求学生了解气体定压比热容测定装置的基本原理和构思；熟悉本实验中测温、测压、测热量、测流量的方法；掌握由实验方法求比热容的值并通过实验数据求出比热容与温度之间的变化关系；学会分析本实验所产生误差的原因及找出减小误差的可能途径。

2. 实验原理

引用热力学第一定律解析式，对可逆过程有

$$\mathrm{d}q = \mathrm{d}u + p\mathrm{d}v \tag{5-2}$$

和

$$\mathrm{d}q = \mathrm{d}h - v\mathrm{d}p \tag{5-3}$$

定压时 $\mathrm{d}p=0$

$$c_p = \left(\frac{\mathrm{d}q}{\mathrm{d}T}\right) = \left(\frac{\mathrm{d}h - v\mathrm{d}p}{\mathrm{d}T}\right) = \left(\frac{\partial h}{\partial T}\right)_p \tag{5-4}$$

此式直接由 c_p 的定义导出，故适用于一切工质。

在没有对外界做功的气体的等压流动过程中：

$$\mathrm{d}h = \frac{1}{q_m}\mathrm{d}Q \tag{5-5}$$

则气体的比定压热容可以表示为

$$c_p\big|_{t_1}^{t_2} = \frac{Q}{q_m(t_2 - t_1)} \tag{5-6}$$

式中　q_m——气体的质量流量，kg/s；

　　　Q——气体在等压流动过程中吸入的热量，kJ/s。

由于气体的实际比定压热容是随温度的升高而增大的，它是温度的复杂函数。实验表明，理想气体的比热容与温度之间的函数关系甚为复杂，但总可表达为

$$c_p = a + bt + et^2 + \cdots \tag{5-7}$$

式中 a、b、e 等是与气体性质有关的常数。例如，空气的比定压热容的实验关系式：

$$c_p = 1.02319 - 1.76019 \times 10^{-4} T + 4.02402 \times 10^{-7} T^2 - 4.87268 \times 10^{-10} T^3$$

式中　T——绝对温度，K。

该式适用于 $250 \sim 600\text{K}$，平均偏差为 0.03%，最大偏差为 0.28%。

由于比热容随温度的升高而增大，所以在给出比热容的数值时，必须同时指明是哪个温度下的比热容。根据比定压热容的定义，气体在 $t\,℃$ 时的比定压热容等于气体自温度 t 升高到 $t+ \mathrm{d}t$ 时所需热量 $\mathrm{d}q$ 除以 $\mathrm{d}t$，即：

$$c_p = \frac{\mathrm{d}q}{\mathrm{d}t}$$

当温度间隔 $\mathrm{d}t$ 为无限小时，即为某一温度 t 时气体的真实比热容。如果已得出 $c_p = f(t)$ 的函数关系，温度由 t_1 至 t_2 的过程中所需要的热量即可按下式求得：

$$q = \int_1^2 c_p \mathrm{d}t = \int_1^2 (a + bt + et^2 + \cdots) \mathrm{d}t$$

用逐项积分来求热量十分繁复。但在离开室温不很远的温度范围内，空气的比定压热容与温度的关系可近似认为是线形的，即可近似表示为

$$c_p = a + bt \tag{5-8}$$

则温度由 t_1 至 t_2 的过程中所需要的热量可表示为

$$q = \int_{t_1}^{t_2} (a + bt) \mathrm{d}t \tag{5-9}$$

由 t_1 加热到 t_2 的平均比定压热容则可表示为

$$c_p \,|\,_{t_1}^{t_2} = \frac{\int_{t_1}^{t_2} (a + bt) \mathrm{d}t}{t_2 - t_1} = a + b\frac{t_1 + t_2}{2} \tag{5-10}$$

3. 实验装置

实验所用的设备和仪器仪表由风机、流量计、比热仪本体、加热及调节测量系统共四部分组成，实验装置系统如图 5-1 所示。

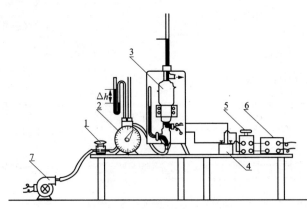

装置中采用湿式流量计测定气流流量。流量计出口的恒温槽用以控制测定仪器出口气流的温度。装置可以采用小型单级压缩机或其他设备作为气源设备，并用钟罩型气罐维持供气压力稳定。气流流量用调节阀调整。

比热容测定仪本体（如图 5-2 所示）由内壁镀银的多层杜瓦瓶 2、进口温度计 1 和出口温度计 8（铂电阻温度计或精度较高的水银温度计）电加热器 3 和均流网 4，绝缘垫 5，旋流片 6 和混流网 7 组成。气体自进口管

图 5-1　测定空气比定压热容的实验装置系统

1—节流阀；2—流量计；3—比热仪本体；

4—瓦特表；5—调压变压器；6—稳压器；7—风机

引入，进口温度计 1 测量其初始温度，离开电加热器的气体经均流网 4 均流均温，出口温度计 8 测量加热终了温度，后被引出。该比热仪可测 300℃ 以下气体的比定压热容。

　　实验时，被测空气（也可以时其他气体）由风机经湿式气体流量计送入比热仪本体，经加热、均流、旋流、混流后流出。在整个系统达到平衡状态后，分别测出空气在流量计出口处的干球温度 t_0、湿球温度 t_w、气体经比热仪本体的进口温度 t_1、出口温度 t_2、气体的体积流量（q_V）；电加热器的输入功率（或电压和电流值）、实验时相应的大气压力 p_B 和流量计出口处的表压 Δh。有了这些数据，并查用相应的物性参数，即可计算出被测气体的比定压热容 c_p。气体的流量由节流阀控制，气体出口温度由输入电加热器的功率来调节。

　　4. 实验内容与步骤

　　（1）实验内容。

　　1）干空气的质量流量 q_{mg} 和水蒸气的质量流量 q_{mw}。电加热器不投入，摘下流量计出口与恒温槽连接的橡皮管，把气流流量调节到实验流量值附近，测定流量计出口的气流温度 t_0（由流量计上的温度计测量）和相对湿度 φ。根据 t_0 与 φ 值由湿空气的焓-湿图确定含湿量 d（g/kg），并计算出水蒸气的容积成分

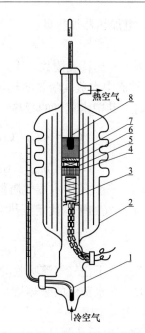

图 5-2　比热容测定仪结构原理图
1—进口温度计；2—多层杜瓦瓶；
3—电加热器；4—均流网；5—绝缘垫；
6—旋流片；7—混流网；8—出口温度计

$$y_w = \frac{d/622}{1+d/622} \tag{5-11}$$

$$p = 10p_b + 9.81\Delta h \tag{5-12}$$

式中　p——流量计中湿空气的绝对压力，Pa；

　　　　p_b——当地大气压，Pa；

　　　　Δh——流量计上压力表（U 形管）读数，mmH$_2$O。

　　于是，气流中水蒸气的分压力为

$$p_w = y_w p \quad \text{N/m}^2 \tag{5-13}$$

　　接上橡皮管，开始加热。当实验工况稳定后测定流量计每通过 V（m³）（例如，0.01m³）气体所花的时间 τ(s) 以及其他数据。水蒸气的质量流量计算如下：

$$q_{mw} = \frac{p_w(V/\tau)}{R_w T_0} \quad \text{kg/s} \tag{5-14}$$

式中　R_w——水蒸气的气体常数 $R_w=461$J/（kg·K）；

　　　　T_0——绝对温度，K。

　　干空气的质量流量计算如下：

$$q_{mg} = \frac{p_g(V/\tau)}{R T_0} \quad \text{kg/s} \tag{5-15}$$

式中　R——干空气的气体常数 $R=287$J/(kg·K)。

　　2）电加热器的加热量 Q。电热器消耗功率可由瓦特表读出，瓦特表读书方法见瓦特表

说明书。电加热器加热量：

$$Q = 3.6Q_p \quad \text{kJ/h} \tag{5-16}$$

式中　Q_p——瓦特表读数，W。

　　3）气流中水蒸气吸收的热量。大气是含有水蒸气的湿空气。当湿空气气流由温度 t_1 加热到 t_2 时，其中水蒸气的吸热量可用下式计算：

$$Q_w = q_{mw} \int_{t_1}^{t_2} (1.833 + 0.0003111t) \mathrm{d}t$$
$$= q_{mw} [1.833(t_2 - t_1) + 0.0001556(t_2^2 - t_1^2)] \quad \text{kJ/s} \tag{5-17}$$

式中　q_{mw}——气流中水蒸气质量，kg/s。

　　4）干空气的平均比定压热容由下式确定：

$$c_{pm} \big|_{t_1}^{t_2} = \frac{Q_g}{(q_m - q_{mw})(t_2 - t_1)} = \frac{Q - Q_w}{(q_m - q_{mw})(t_2 - t_1)} \tag{5-18}$$

式中　Q_g——干空气气流吸收的热量，J；

　　　　Q_w——水蒸气的吸热量，J。

　　(2) 实验步骤。

　　1）接通电源及测量仪表，选择所需的出口温度计插入混流网的凹槽中。

　　2）取下流量计上的温度计，开动风机，调节节流阀，使流量保持在额定值附近。测出流量计出口空气的干球温度 t_0 和湿球温度 t_w。

　　3）将温度计插回流量计，重新调节流量，使它保持在额定值附近，逐渐提高电压，使出口温度计读数升高到预计温度。（可根据下式预先估计所需电功率：$W = 12\dfrac{\Delta t}{\tau}$，式中：$W$ 为电功率（W），Δt 为进出口温差（℃），τ 为每流过 10L 空气所需的时间（s）。

　　4）待出口温度稳定后（出口温度在 10min 之内无变化或有微小起伏即可视为稳定），读取数据。

　　5）根据流量计出口空气的干球温度 t_0 和湿球温度 t_w 确定空气的相对湿度 φ，根据 φ 和干球温度从湿空气的焓-湿图中查出含湿量 d。

　　6）每小时通过实验装置空气流量：

$$q_V = 36/\tau \tag{5-19}$$

式中　τ——每 10L 空气流过所需时间，s。

将各量代入式（5-15）并统一单位可以得出干空气质量流量的计算式：

$$q_{mg} = \frac{(1 - y_w)(1000B_1 + 9.81\Delta h) \times (36/\tau)}{287(t_0 + 273.15)} \tag{5-20}$$

将各量代入式（5-14）并统一单位可以得出水蒸气质量流量：

$$q_{mw} = \frac{y_w(1000B_1 + 9.81\Delta h) \times (36/\tau)}{461(t_0 + 273.15)} \tag{5-21}$$

5.1.2　空气等熵指数的测定

1. 实验目的

　　等熵指数的测定实验的目的是使学生熟悉绝热膨胀、定容加热等基本热力过程，学会如何测定空气的等熵指数 κ 及空气的比热容 c_p 及 c_V。通过本次实验可加深学生对绝热过程及迈耶公式 $c_p - c_V = R$ 的理解。

2. 实验原理

若流体工质在状态变化的某一过程中不与外界发生热交换，则该过程就称为绝热过程。用节流孔板测量气体流量时，流体流过节流孔板时发生的状态变化，可近似地认为是一绝热过程。若该气体可认为是理想气体，则其等熵指数 κ 就是比定压热容与比定容热容之比，即 $\kappa = c_p/c_V$。对于实际气体来说，等熵指数与气体的种类、压力、温度有关。一般地说，单原子气体的等熵指数 κ 为 1.66，双原子气体的等熵指数 κ 为 1.41。而空气则是实际混合气体，其等熵指数是多少呢？下面介绍一种测定空气的等熵指数 κ 的方法。

绝热过程方程：

$$\frac{p_2}{p_1} = \left(\frac{v_1}{v_2}\right)^{\kappa} \tag{5-22}$$

根据状态方程：

$$p_1 v_1 = RT_1, p_2 v_2 = RT_2, p_3 v_3 = RT_3 \tag{5-23}$$

其中：

$$v_3 = v_2, T_3 = T_1$$

解方程组（5-23）可得：

$$\kappa = \lg \frac{p_2}{p_1} \Big/ \lg \frac{p_3}{p_1} \tag{5-24}$$

$$\kappa = \frac{c_p}{c_V} \tag{5-25}$$

又由迈耶公式

$$c_p = c_V + R \tag{5-26}$$

可得：

$$c_V = \frac{R}{\kappa - 1} \quad \text{与} \quad c_p = \frac{\kappa R}{\kappa - 1} \tag{5-27}$$

式中 v——比体积；

R——空气常数，J/(kg·K)；

T——热力学温度，K。

3. 实验装置

空气等熵指数测定装置如图 5-3 所示。利用气囊往有机玻璃容器内充气，通过 U 形压力计测出容器内的压力 p_1；压力稳定后，突然打开阀门 5 并迅速关闭，在此过程中，空气绝热膨胀，在 U 形压力计上显示出膨胀后容器内的空气压力 p_2；然后，持续 1h 左右，使容器中的空气与实验环境的空气进行热交换，最后达到热平衡，即容器中的空气温度与环境温度相等，此时，U 形压力计显示出温度相等后，容器中空气压力 p_3。

4. 实验内容与步骤

（1）测试前的准备。如图 5-3 所示，将阀门 5 的锥形塞拔出，抹上一些真空油，以改善阀门的密封性能，抹油后安装就位，并把螺帽拧紧。在阀门与开启的情况下

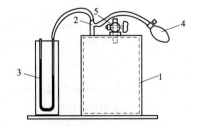

图 5-3 等熵指数测定装置
1—有机玻璃容器；2—进气及测压三通；3—型压力计；4—气囊；5—放气阀门

（即容器与大气相通），用医用注射器将蒸馏水注入 U 形压力计至一定高度。水柱内不能含有气泡，如有气泡，要设法排除。调整装置的水平位置，使 U 形压力计两水管中的水柱高在一个水平线。

（2）记录 U 形压力计初始读数 h（即容器与大气相通时，压力计中水柱高度）。

（3）关闭阀门口 5，把螺帽拧紧。

（4）用气囊往有机玻璃容器内缓慢充气，至一定值时，待压力稳定后，记录此时的水柱高度差 Δh_1。

（5）突然打开阀门 5，并迅速关闭。空气绝热膨胀后，在 U 形管内显示出膨胀后容器内的气压，记录此时的水柱高度差 Δh_2。

（6）持续 1~2h，待容器内空气的温度与测试现场的大气温度一致时，记录此时的水柱高度差 Δh_3。

5.1.3　工质密度与黏度的测定

1. 实验目的

密度是物质的基本属性，而黏度是流体物质的基本属性，他们都是认识物质的重要途径之一。所以测定物质的密度与黏度是必须要熟练掌握的一项基本实验技能。因此，为了提高同学们对密度及黏度的深刻认识和理解，熟悉并掌握密度与黏度的测定方法及所使用的仪器，下面对密度及黏度的测定原理进行概述。

2. 实验原理

（1）黏度的测定。流体具有流动性，即没有固定形状，在外力作用下其内部产生相对运动。流体在运动的状态下，有一种抗拒内在的向前运动的特性称为黏性。对于作滞流运动的牛顿流体来说，由牛顿黏性定律知：

$$\tau = \mu \frac{\mathrm{d}u}{\mathrm{d}y} \tag{5-28}$$

式中　τ——单位面积上的剪应力，$kg/(m \cdot s^2)$；

　　　μ——流体的动力黏度，简称黏度，$Pa \cdot s$；

　$\mathrm{d}u/\mathrm{d}y$——速度梯度，即在与流动方向相垂直的 y 方向上流体速度的变化率。

测定黏度的方法主要有毛细管法、转子法和落球法。

1）毛细管法。在测定高聚物分子的特性黏度时，以毛细管流出法的黏度计最为方便。若液体在毛细管黏度计中，因重力作用流出时，可通过泊肃叶（Poiseuille）公式计算黏度：

$$\frac{\mu}{\rho} = \frac{\pi h g r^4 t}{8LV} - m \frac{V}{8\pi Lt} \tag{5-29}$$

式中　μ——液体的黏度，$kg/(m \cdot S)$；

　　　ρ——液体的密度，kg/m^3；

　　　L——毛细管的长度，m；

　　　r——毛细管的半径，m；

　　　t——流出的时间，s；

　　　h——流过毛细管液体的平均液柱高度，m；

　　　V——流经毛细管的液体体积，m^3；

　　　m——毛细管末端校正的参数（一般在 $r/L \ll 1$ 时，可以取 $m=1$）。

对于某一只指定的黏度计而言，式（5-29）可以写为

$$\frac{\mu}{\rho} = At - \frac{B}{t} \tag{5-30}$$

式中，$B<1$，当流出的时间 t 在 2min 左右（大于 100s），$\frac{B}{t}$（亦称动能校正项）可以忽略。又因通常测定是在稀溶液中进行（$C<1\times10^{-2}\,\text{g}\cdot\text{cm}^{-3}$），所以溶液的密度和溶剂的密度近似相等，因此可将 μ_r 写成：

$$\mu_r = \frac{\mu}{\mu_0} = \frac{t}{t_0} \tag{5-31}$$

2）转子法。下面以 NDJ-1 型旋转黏度计测量液体的黏度为例，介绍其工作原理，如图 5-4 所示。

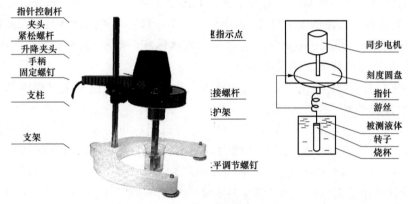

图 5-4　转子黏度计装置示意图

用同步电动机以稳定的速度旋转，连接刻度圆盘，再通过游丝和转轴带动转子旋转。如果转子未受到液体的阻力，则游丝指针与刻度圆盘同速旋转，指针在刻度盘上指出的读数为"0"。反之，如果转子受到液体的黏滞阻力，则游丝产生扭矩，与黏滞阻力抗衡最后达到平衡。这时与游丝连接的指针在刻度圆盘上指示一定的读数（即游丝的扭转角），将读数乘以特定的系数即得到流体的黏度，即

$$\mu = k\alpha \tag{5-32}$$

式中　μ——黏度，Pa·s；

　　　k——系数；

　　　α——指针所指读数。

（2）密度测量。单位体积内所含物质的质量，称为物质的密度，当用不同单位来表示密度时，可以有不同的数值，若用 kg/m³ 为单位，密度在数值上等于 4℃水相比所得的密度。密度与比重的概念虽不同，但在上述条件下，两者却建立数值上相等的关系。利用比重瓶去进行液体密度的测定，可由（5-33）公式计算：

$$\rho = \rho_{水}^{t}(g_3 - g_1)/(g_2 - g_1) \tag{5-33}$$

式中　ρ——待测液体的密度，kg/m³；

　　　$\rho_{水}^{t}$——指定温度时水的密度，kg/m³；

　　　g_1——比重瓶的重量，kg；

　　　g_2——比重瓶的重量与装入水的重量之和，kg；

g_3——比重瓶的重量与装入乙醇的重量之和，kg。

测定物质密度的方法有很多，且灵活多变，但测量密度的基本原理主要包括：质量体积法、浮力法测密度、压强法测液体密度。

1）质量体积法（测定密度的基本方法）。根据密度的定义 $\rho=m/V$ 可知：只要能测出物体的质量和体积，就可以计算出物质的密度。这种方法用到的主要测量工具是天平和量筒。下面分固体和液体两种情况加以分析。

a. 固体密度的测定：虽然质量的测量可以用天平直接进行，但为了减小测量质量时产生的误差，应该先调节好天平测量物体的质量 m，这样可以防止由于测量体积时使物体沾有水而带来误差。再利用重物沉降排水法测出物体的体积 V。

b. 液体密度的测定：考虑到液体很难从容器中完全倒出而造成的误差，可以先将烧杯中装有适量的待测液体，用调节好的天平测出它的总质量 m_1，然后将部分液体倒入量筒中（最好使体积为整数，方便密度的计算），读出体积 V，最后再测出烧杯及剩余液体的总质量 m_2，则液体的密度 $\rho=(m_1-m_2)/V$。假如先测液体体积，然后将液体倒入烧杯中测质量，会由于液体倒不干净而使质量测量值偏小。

2）浮力法。由于物体在液体中受到的浮力大小与液体的密度有关（即阿基米德原理），考虑用浮力的方法来测定物质的密度。

a. 固体密度的测量：对于密度比水大的物体可以用称重法来完成：先用弹簧测力计测出物体在空气中的重力 G，然后用弹簧测力计吊着物体浸入水中，读出弹簧测力计的示数 G^*，则 $m_物=G/g$，$V_物=V_排=F_浮/\rho_水\,g=(G-G^*)/\rho_水\,g$，$\rho_物=G\rho_水/(G-G^*)$。

对于密度比水小的物体可以用"漂浮测质量、沉底测体积"的方法来完成：先在量筒中放入适量的水，记下体积 V_1，然后将物体放入水中漂浮，读出总体积 V_2，由于漂浮时 $F_浮=G_物$，所以 $m_物=(V_2-V_1)\rho_水$；再用细铁丝将物体压入水中，记下总体积 V_3，则 $V_物=V_3-V_1$，可求得物体的密度 $\rho_物=(V_2-V_1)\rho_水/(V_3-V_1)$。

b. 液体密度的测量：最简单的方法是用密度计直接测量。注意的是测密度比水大的液体时，要用密度计中的重表；测密度比水小的液体密度时，要用密度计中的轻表。密度计的原理：物体漂浮时，$F_浮=G_物$，所以 $\rho_液\,gV_排=G_物$，密度计的重力是一定的，根据密度计排开液体体积的多少就可以间接知道液体密度的大小。同样也可以用称重法来测定密度：用弹簧测力计测出一个密度大于水和待测液体的物块重力 G，然后用弹簧测立计吊着物块分别浸没水和液体中，读出弹簧测力计的示数 $G_水$ 和 $G_液$。则

$$G-G_水=\rho_水\,gV_排$$
$$G-G_液=\rho_液\,gV_排$$
$$\rho_液=(G-G_液)\rho_水/(G-G_水)$$

3）压强法。由于液体内部的压强与液体自身深度成正比，所以我们可以利用液体的压强来测液体的密度。

a. U 形管法：在 U 形管一侧注入已知密度的水，在另一侧注入待测液体（此液体不能互容于水），用刻度尺分别测出水和液体的分界面到水面的高度 $H_水$、到待测液体的液面高度 $H_液$。则

$$\rho_水\,gH_水=\rho_液\,gH_液，\text{所以}\ \rho_液=H_水\rho_水/H_液$$

b. 海尔法：将图中的海尔管（一端一个开口，另一端两个开口的连通玻璃管）两个开口的那端分别插入水和待测液体中，（水面和液体面尽可能相平）在海尔管的单口端用抽气机适当抽气，当水和待测液体上升到一定的高度后，用刻度尺分别测出管内的水柱和液柱高度 $H_水$ 和 $H_液$。海尔法测定密度示意图如图 5-5 所示。

由 $\rho_水 gH_水 + p_内 = p_0 = \rho_液 gH_液 + p_内$（$p_0$ 为外界大气压，$p_内$ 为抽气后海尔管内的气压）

得 $\rho_液 = H_水 p_水 / H_液$。

图 5-5 海尔法测定
密度示意图

3. 实验设备

实验用设备和材料包括：恒温水槽装置（如图 5-6 所示）、奥式黏度计、比重瓶、秒表、甘油水溶液、去离子水。工作室水箱应注入适量的洁净自来水，加热管至少应低于水面 1cm，把搅拌磁子放入水箱中央，将控温旋钮调到最低，接通电源，把"设定/测量"开关置于"设定"端观察显示屏，调节控温旋钮，调至所需的设定温度，然后回到"测量"。当设定值高于所测定温度时，加热开始工作。显示屏显示为探头所测的实际温度。当加热到所需的温度时，加热会自动停止，低于设定的温度时，新的一轮加热又会开始，为了保证水温均匀性，应打开搅拌开关，慢慢调节调速旋钮。

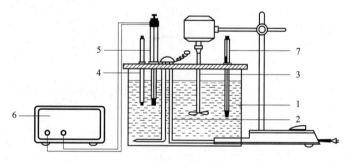

图 5-6 恒温槽装置示意图

1—浴槽；2—加热器；3—搅拌器；4—温度计；
5—电接点温度计；6—继电器；7—贝克曼温度计

4. 实验内容及步骤

下面利用恒温槽控温装置来测定液体黏度、密度的实验为例。

（1）黏度的测定。

1）调节恒温槽，使其温度为 25℃ 左右，波动范围不超过 0.5℃。

2）将黏度计和比重瓶分别用水冲洗、烘干。

3）用移液管吸取 10mL 乙醇，放入黏度计内，将黏度计垂直放入水浴锅内，恒温 20min，用橡皮管连接黏度计，用吸耳球吸起液体，使其超过上刻线，然后放开吸耳球，用秒表记录液面从上刻度到下刻度所用的时间。重复三次，取平均值。

4）再把黏度计里的乙醇倒出，用水冲洗两次，用同样方法测量去离子水黏度。

5）根据毛细管法中的式（5-31）进行计算求得黏度。

（2）密度的测量。

1）将烘干的比重瓶放在分析天平上称重 g_1，用移液管将乙醇加入到比重瓶内，塞上瓶塞，小心地放入水浴锅内。

2）20min 后，用滤纸将超过刻度的液体吸去，将液面控制在刻度线上，再将比重瓶从水浴锅中取出，用滤纸将比重瓶擦干，注意这时不要因手的温度高而使瓶中液体溢出，再称重 g_2。

3）倒出乙醇，用水冲洗 2 次，再用同样方法称出比重瓶与装入水的总重量 g_3。

5.1.4　材料导热系数的测定

1. 实验目的

导热系数是物体的的物性参数之一。通过本实验可加深理解导热系数的物理概念，了解测量仪器和设备的结构和使用方法，掌握测量导热系数的原理和方法，通过实验得出导热系数与温度之间的关系曲线。

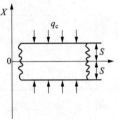

图 5-7　实验原理示意图

2. 实验原理

（1）准稳态法测量导热系数。

本实验是根据无限大平板导热的第二类边界条件来设计的。平板厚度为 2δ，初始温度为 t_0，平板两面受恒定的热流密度 q_c 均匀加热，实验原理如图 5-7 所示。

根据导热微分方程式、初始条件和第二类边界条件，对于任一瞬间沿平板厚度方向的温度分布 $t(x, \tau)$ 可由下面方程组解得：

$$\begin{cases} \dfrac{\partial t(x,\tau)}{\partial \tau} = a\,\dfrac{\partial^2 t(x,\tau)}{\partial x^2} \\[2mm] t(x,0) = t_0 \\[2mm] \dfrac{\partial t(\delta,\tau)}{\partial x} + \dfrac{q_c}{\lambda} = 0 \\[2mm] \dfrac{\partial t(0,\tau)}{\partial x} = 0 \end{cases}$$

方程组的解为

$$t(x,\tau) - t_0 = \frac{q_c}{\lambda}\left[\frac{\alpha\tau}{\delta} - \frac{\delta^2 - 3x^2}{6\delta} + \delta\sum_{n=1}^{\infty}(-1)^{n+1}\frac{2}{\mu_n^2}\cos\left(\mu_n\frac{x}{\delta}\right)\exp(-\mu_n^2 F_o)\right] \quad (5\text{-}34)$$

$$\mu_n = \beta_n\delta, \mathrm{n} = 1,2,3\cdots;$$

$$F = \frac{\alpha\tau}{\delta^2}$$

式中　τ——时间；

　　　　λ——平板的导热系数；

　　　　α——平板的导温系数；

　　　　t_0——初始温度；

　　　　F——傅里叶准则；

　　　　q_c——沿 X 方向从端面向平板加热的恒定热流密度。

随着时间 τ 的延长，F_o 数变大，式（5-34）中级数和项愈小。当 $F_o > 0.5$ 时，级数和项变得很小，可以忽略，式（5-34）变成：

$$t(x,\tau) - t_o = \frac{q_c\delta}{\lambda}\left(\frac{\alpha\tau}{\delta^2} + \frac{x^2}{2\delta^2} - \frac{1}{6}\right) \quad (5\text{-}35)$$

由此可见，当 $F_o > 0.5$ 后，平板各处温度和时间成线性关系，温度随时间变化的速率是常数，并且到处相同。这种状态即为准稳态。

在准稳态时，平板中心面 $X = 0$ 处的温度为

$$t(0,\tau) - t_o = \frac{q_c\delta}{\lambda}\left(\frac{\alpha\tau}{\delta^2} - \frac{1}{6}\right)$$

平板加热面 X＝δ 处为

$$t(\delta,\tau) - t_0 = \frac{q_c\delta}{\lambda}\left(\frac{\alpha\tau}{\delta^2} + \frac{1}{3}\right)$$

此两面的温差为

$$\Delta t = t(\delta,\tau) - t(0,\tau) = \frac{1}{2}\frac{q_c\delta}{\lambda} \tag{5-36}$$

已知 q_c 和 δ，再测出 Δt，就可以由式（5-37）求出导热系数：

$$\lambda = \frac{q_c \times \delta}{2\Delta t} \tag{5-37}$$

实际上，无限大平板是无法实现的，实验总是用有限尺寸的试件，一般可认为，试件的横向尺寸为厚度的 6 倍以上时，两侧散热对试件中心的温度影响可以忽略不计。试件两端面中心处的温差就等于无限大平板时两端面的温差。

根据热平衡原理，在准稳态时，有：

$$q_c F = c\rho\delta F\frac{\mathrm{d}t}{\mathrm{d}\tau}$$

式中　F——试件的横截面积，m^2；

　　　c——试件的比热容，$J/(kg \cdot K)$；

　　　ρ——试件密度，kg/m^3；

　　　$\dfrac{\mathrm{d}t}{\mathrm{d}\tau}$——准稳态时温升速率，$℃/s$。

则比热容为

$$c = \frac{q_c}{\rho\delta\dfrac{\mathrm{d}t}{\mathrm{d}\tau}} \tag{5-38}$$

实验时，$\dfrac{\mathrm{d}t}{\mathrm{d}\tau}$ 以试件中心处为准。

按定义，材料的导温系数可表示为

$$a = \frac{\lambda}{\rho c} = \frac{\delta\lambda}{q_c}\left(\frac{\partial t}{\Delta\tau}\right)_c = \frac{\delta^2}{2\Delta t}\left(\frac{\partial t}{\Delta\tau}\right)_c$$

综上所述，应用恒热流准稳态平板法测试材料热物性时，在一个实验上可同时测出材料的三个重要热物性：导热系数、比热容和导温系数。

（2）圆筒壁法测量导热系数。

本实验根据圆筒壁稳定条件下一维导热设计。由傅里叶定律，得圆筒壁导热公式

$$Q = -\lambda F\frac{\mathrm{d}t}{\mathrm{d}r} = -2\pi r\lambda L\frac{\mathrm{d}t}{\mathrm{d}r}$$

$$Q = \frac{2\pi\lambda L(t_1 - t_2)}{\ln\dfrac{d_2}{d_1}} \tag{5-39}$$

$$\lambda = \frac{Q\ln\dfrac{d_2}{d_1}}{2\pi L(t_1 - t_2)}$$

在实验中要测定圆筒壁材料的导热系数，只要使其内建立稳定的一维（圆柱坐柱系）温

度场，测定圆管壁的内外直径，内外壁面温度，有效长度和有效长度上的热流量，根据公式（5-39）计算出材料的导热系数，热量的大小是由电能来控制，故 $Q=IU$。

3. 实验设备

（1）准稳态法。准稳态法测量导热系数的装置如图 5-8 所示。实验设备包括破碎机、搅拌机、烘干机、电子天平、SEI-3 型准稳态法热物性测定仪、计算机和实验控制软件。SEI-3

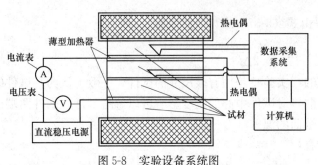

型准稳态法热物性测定仪内实验本体由四块厚度均为 δ、面积均为 F 的被测试材重叠在一起组成。第一块与第二块试材之间夹一块薄型的片状电加热器，第三块和第四块试材之间也夹着一个相同的电加热器，在第二块与第三块试材交界面中心和一个电加热器中心各安置一对热电偶，这四块重叠在一起的试材顶面和底面各加上一块具有良好保温特性的绝热层。电加热器由直流稳压电源提供，加热功率由计算机检测，两对热电偶所测量到的温度由计算机进行采集处理。

图 5-8　实验设备系统图

（2）圆筒壁法。圆筒壁法测量导热系数的仪器和设备如图 5-9 所示。实验设备由实验本体、热点偶、测温仪表（电位差计或数字显示仪表）、电阻式变压器、电流表和电压表组成。热电偶分别布置在圆筒壁的内侧和外壁。

加热器的热量可由下式求得：

$$Q = IU$$

式中　Q——加热器的加热功率，W；

　　　I——通过电热丝的电流，A；

　　　U——加热器两端电压，V。

4. 实验内容及步骤

稳态法测量导热系数的实验原理和实验步骤如下：

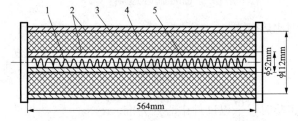

图 5-9　圆筒壁法测量导热系数实验设备示意图
1—电阻丝；2—热电偶；3—外圆管；
4—待测材料；5—内圆管

（1）确定成型材料的原料组成及配比，对原料进行破碎加工，搅拌、混合均匀，利用黏结剂加工成 100mm×100mm，厚 20mm 大小的实验平板，放在烘干机内烘干。用天平测量实验平板的量重，用游标卡尺精确测量试材的厚度和长、宽尺寸。

（2）将试件装入 SEI-3 型准稳态法热物性测定仪实验本体内。启动计算机进入 SEI-3 型准稳态法热物性测定仪的教学实验软件系统，调节电压调节旋钮，使其在一选定的加热功率上，此时可开始实验。

（3）试件加热表面两端的温度可用 SEI-3 实验软件实现自动采集，软件可绘出试件两端温度变化曲线，当试件两端温度趋于水平时，表明非稳态导热达准稳态导热。根据所测试件两端的温度和加热功率可利用上述公式计算出导热系数、比热容和等温系数。

圆筒壁法测量导热系数的实验内容与准稳态法测量导热系数大致相同。其所测材料是预先装入圆筒中的，实验时测出实验材料内、外壁的温度和加热功率，根据上述有关公式可计算出材料的导热系数。

5.2 工质饱和温度与饱和压力关系的测定

5.2.1 实验目的

掌握工质饱和温度与饱和压力关系的测定方法。学会活塞式压力计、恒温器等热工仪器的正确使用方法，学会用实验测定实际气体状态变化规律的方法和技巧。增加对课堂所讲的工质热力状态、凝结、汽化、饱和状态等基本概念的理解。通过实验理解饱和状态与临界状态的区别。设计数据记录及整理（计算）用的表格。测定工质 CO_2 的饱和温度与饱和压力关系，在 p-t 坐标系中绘出饱和温度与饱和压力关系曲线。

5.2.2 实验原理

在饱和状态下，工质的压力 p 和温度 t 之间存在某种确定关系，即状态方程：$F(p,t)=0$。理想气体的状态方程具有最简单的形式：$pv=Rt$。而实际气体的状态方程比较复杂，目前尚不能将各种气体的状态方程用一个统一的形式表示出来，因此，具体测定某种气体的 p、t 关系，并将实测结果表示在坐标图上形成状态图，乃是一种重要而有效的研究气体工质热力性质的方法。

在平面的状态图上只能表达两个参数之间的函数关系，故具体测定时有必要保持某一个状态参数为定值，本实验就是在保持温度 t 不变的条件下进行的。

5.2.3 实验装置

整个实验装置由稳压系统、恒温系统和实验台本体及其防护罩等三大部分组成，如图 5-10、图 5-11 所示。

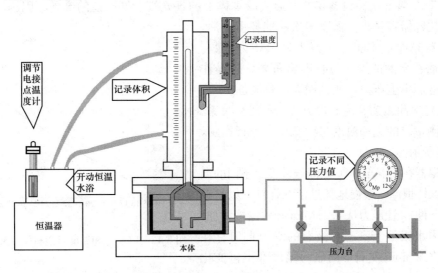

图 5-10 实验装置示意图

当工质处于饱和状态时，其状态参数 p、t 之间有：

$$F(p,t) = 0 \text{ 或 } t = f(p) \tag{5-40}$$

本实验根据上式，通过现象观察（即汽、液同时存在时，工质处于饱和状态。），就可测出饱和温度与饱和压力之间的关系。

实验中，由压力台送来的压力由压力油进入高压容器和玻璃杯上半部，迫使水银进入预

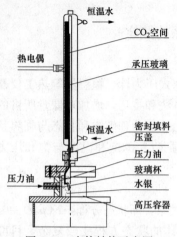

图 5-11　本体结构示意图

先装了 CO_2 气体的承压玻璃管内，CO_2 被压缩，其压力的大小可通过压力台上的活塞杆的进、退来调节。温度由恒温器供给的水套里的水温来调节。

（1）实验工质 CO_2 的压力，由装在压力台上的压力表读出。温度由插在恒温水套中的温度计读出。比体积首先由承压玻璃管内二氧化碳柱的高度来测量，而后再根据承压玻璃管内径均匀、截面不变等条件来换算得出。把水注入恒温器内，注至离盖 30～50mm。检查并接通电路，开动电动泵，使水循环对流。

（2）在温度控制器 AL808E 的控制面板上通过上下键设定好实验用的温度。

（3）此时控制面板上视水温情况，开、关加热器、制冷机组，当水温未达到要调定的温度时，恒温器指示灯是亮的，当指示灯时亮时灭闪动时，说明恒温器中的水已达到所设定的温度。

（4）观察温控仪显示的温度（与玻璃水套上的热电偶配套），既是承压玻璃管内的 CO_2 的温度。

（5）当所需要改变实验温度时，重复（2）～（4）即可。

5.2.4　实验内容及步骤

1. 实验准备

按图 5-11 装好实验设备，并开启实验本体上的日光灯。加压前的准备：因为压力台的油缸容量比容器容量小，需要多次从油杯里抽油，再向主容器充油，才能在压力表显示压力读数。压力台抽油、充油的操作过程非常重要，若操作失误，不但加不上压力，还会损坏试验设备。

2. 测定饱和温度与饱和压力之间的对应关系

根据测量出的饱和温度与饱和压力进行作图，如图 5-12 所示。

将恒温器在室温至 30℃ 之间选取多个不同的温度点，并保持恒温。缓慢地摇进活塞螺杆（以足够保证定温条件），让压力从 4.41MPa 开始慢慢增加，当玻璃管内水银面上汽态与液态的 CO_2 同时存在时，停止供油 5min 左右，当压力温度都不再变化时，记录此时的压力与温度。

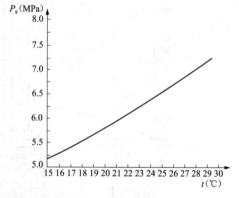

图 5-12　CO_2 饱和温度与饱和压力关系曲线

5.3　CO_2 临界状态的观测及 *p-v-t* 关系的测定

5.3.1　实验目的

通过对 CO_2 临界状态的观测，增加对临界状态概念的感性认识。掌握 CO_2 临界状态的观测方法，加深对课堂所讲的工质的热力状态、凝结、汽化、饱和状态等基本概念的理解。

掌握 CO_2 的 p-v-t 关系的测定方法学会用实际气体状态变化规律方法和技巧。学会活塞式压力计、恒温器等部分热工仪器的正确方法。

5.3.2 实验原理

对简单可压热力系统,当工质处于平衡状态时,其状态参数 p、v、t 之间有:

$$F(p,v,t) = 0 \text{ 或 } t = f(p,v) \quad (5\text{-}41)$$

本试验就是根据式 (5-41),采用定温方法来测定 $CO_2\ p$-v-t 之间的关系。从而找出 CO_2 的 p-v-t 关系。整个实验装备由压力台、恒温器和试验本体及其防护罩三大部分组成,如图 5-13 所示。

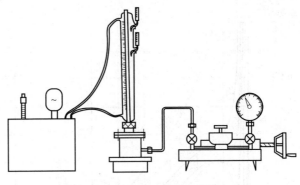

图 5-13 CO_2 实验系统图

实验中由压力台送来的压力油进入高压容器和玻璃杯上半部,迫使水银进入预先装了 CO_2 的承压玻璃管。CO_2 被压缩,其压力和容积通过压力台上的活塞螺杆的进、退调节,温度由恒温器供给的水套里的水温来调节。实验工质 CO_2 的压力由装压力台的压力表读出(如要提高精度可由加在活塞转盘上的砝码读出,并考虑水银柱高度的修正)。温度由插在恒温水套中的温度计读出。比体积首先由承压玻璃管内的 CO_2 柱的高度来度量,而后这根据承压玻璃管内径均匀、截面积不变等条件换算得出。

5.3.3 实验装置

CO_2 实验台本体如图 5-14 所示。

使用恒温器调定温度:将蒸馏水注入恒温器内,注至 30～50mm。检查并接通电路,开动电动泵,使水循环对流;旋转点接点温度计顶端的帽形磁铁调动凸轮示使凸上端面与所要调定的温度一致,要将帽形磁铁用横向螺钉锁紧,以防转动;视水温情况,开、关加热器,当水温未达到调定的温度时,恒温器指示灯是亮的,当指示灯时亮时灭闪动时,说明温度已达到所需恒温。观察玻璃水套上两支温度计,若其读数相同且与恒温器上的温度计及点接点温度计标定的温度一致时(或基本一致)则可(近似)认为承压玻璃管内的 CO_2 的温度处于所标定的温度。

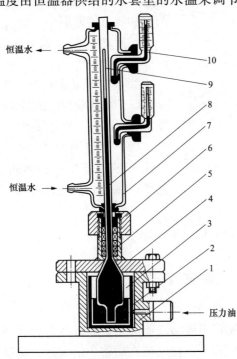

图 5-14 CO_2 实验台本体
1—高压容器;2—玻璃杯;3—压力油;4—水银;
5—密封填料;6—填料压盖;7—恒温水管;
8—承压玻璃管;9—CO_2 空间;10—温度计

5.3.4 实验内容及步骤

1. 实验内容主要包括

(1) 测定低于临界温度 $t=20℃$ 时的定温线。

1) 使用恒温器调定 $t=20℃$ 并要保持恒温。

2）压力记录从 4.41MPa 开始，当玻璃管内水银升起来后，应足够缓慢地摇进活塞螺杆，以保证定温条件，否则来不及平衡，读数不准。

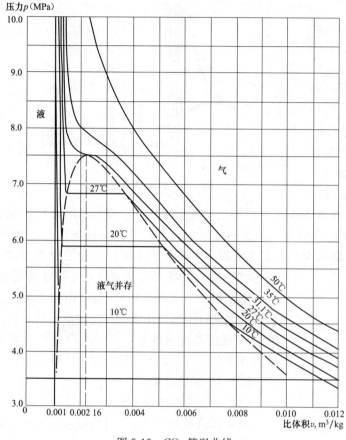

图 5-15　CO_2 等温曲线

3）按照适当的压力间隔取 h 值至压力 $p＝9.8$MPa。

4）注意加压后，CO_2 的状态变化，特别是注意饱和状态的液化、汽化等现象，并记录下测得的实验数据及观察到的现象。

（2）测定临界等温线和临界参数，临界现象观察。

主要观测工质临界状态以及临界状态附近汽液两相模糊的现象；汽液整体相变现象。最后总结出临界状态与饱和状态的差别。

（3）测定高于临界温度 $t＝50$℃时的等温线。

2．绘制等温曲线与比较

（1）按实验数据仿图 5-15 绘出 $p\text{-}v$ 图上三条等温线。

（2）比较实验测得的等温线与图 5-15 所示的标准等温线；并分析其中的差异及原因。

（3）对比分析实验测得的临界比体积 v_c 与理论计算值差异及原因。

5.4　喷管性能测定

5.4.1　实验目的

巩固所学有关喷管的基本理论，通过对气体在喷管中流动性能的测定及各状态的观察，从而加深对喷管原理的理解。熟悉不同形式喷管的机理，掌握气流在喷管中的流速、流量、压力变化的规律等相关测试方法。熟悉数据采集系统，了解此系统在实验中的作用。测定不同工况（初压 p_1 不变，改变背压 p_b）时气流在喷管中的流量 m，绘制 $m\text{-}p_b$ 曲线，比较最大流量 m_{max} 的计算值和实测值，确定临界压力 p_c。测定不同工况下气流沿喷管各截面（喷管轴线位置 X）的压力 p 的变化，绘制出一组 $p\text{-}x$ 曲线，分析比较临界压力 p_c 的计算值和实验值，观察和记录临界压力出现在喷管中的位置。

5.4.2　实验原理

在稳定流动过程中，喷管任何截面上流体质量流量都相等，且不随时间变化，流量大小可由下式决定：

$$m = \frac{A_2 \cdot C_2}{v_2} = A_2 \sqrt{\frac{2\kappa}{\kappa-1} \cdot \frac{p_1}{v_1}\left[\left(\frac{p_2}{p_1}\right)^{\frac{2}{\kappa}} - \left(\frac{p_2}{p_1}\right)^{\frac{\kappa+1}{\kappa}}\right]} \tag{5-42}$$

式中 κ——气体等熵指数；

A_2——喷管出中截面积，m^2；

v_2——气体比体积，m^3/kg；

p——压力（角注符号：1 指喷管进口，2 指喷管出口），Pa。

若降低背压，使渐缩喷管的出口压力 p_2 或缩放喷管的喉部压力 p 降至临界压力 p_c 时，喷管中的流量达最大值：

$$m_{max} = A_{min}\sqrt{\frac{2\kappa}{\kappa+1}\left(\frac{2}{\kappa+1}\right)^{\frac{2}{\kappa-1}} \cdot \frac{p_1}{v_1}} = 0.685 A_{min}\sqrt{\frac{p_1}{v_1}} = 0.0404 A_{min} p_1\sqrt{\frac{1}{T_1}} \tag{5-43}$$

临界压力为

$$p_c = \left(\frac{2}{\kappa+1}\right)^{\frac{\kappa}{\kappa-1}} p_1 = 0.528 p_1$$

喷管中的流量 m 一旦到达最大值，再降低背压 p_b，流量 m 保持不变，流量 m 随背压 p_b 的变化关系如图 5-16、图 5-17 所示。

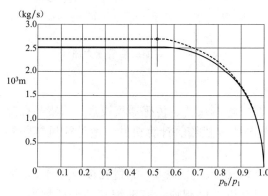

图 5-16 渐缩喷管流量曲线

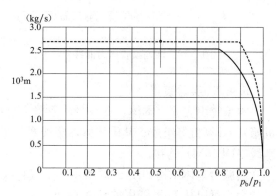

图 5-17 缩放喷管流量曲线

缩放喷管与渐缩喷管的不同点是，流量达到最大值时的最高背压 p_b 不再是 p_c，而应是某一压力 p_f。

沿喷管轴线 x 各截面的压力 p，在喷管形状和工质的初态及背压一定时，可根据连续性方程和状态方程计算而得，也可用实验方法测得如图 5-18、图 5-19 所示的图形。

（1）如图 5-18 所示的一组曲线表明在理论上渐缩喷管内任何截面的压力都不可能低于临界压力 p_c，当背压低于 p_c 时，气流在管外继续膨胀。

（2）如图 5-19 所示的一组曲线表示在不同的背压 p_b 下，缩放喷管内各截面上压力 p 的变化情况，当 $p_b < p_d$，气流在管内膨胀不足，只能在管外继续膨胀；当 $p_b = p_d$，气流在管内得到完全膨胀，出口压力与背压 p_b 一致，称为设计工况；相应地，称 $p_b < p_d$ 为超设计工况，$p_b > p_d$ 为亚设计工况，亚设计工况又可分为几种工况，当 $p_d \leq p_e$，气流在管内膨胀过渡，出口压力仍为 p_d，但随即在出口产生斜激波（$p_b < p_e$）或正激波（$p_b > p$），使压力由 p_d 升高至 p_b；当 $p_e < p_d \leq p_f$ 时，正激波移到了管内，p_b 越高，越往前移，通过正激波压

力跃升，气流由超声速变为亚声速，然后沿扩大段扩压减速流至出口，压力等于背压 p_b。对于上述 $p_d \leqslant p_f$ 诸情况，喉部始终保持临界状态。当 $p_b > p_f$ 时，整个喷管内都是亚声速气流，喉部不再是临界状态，缩放喷管成为文丘利管。

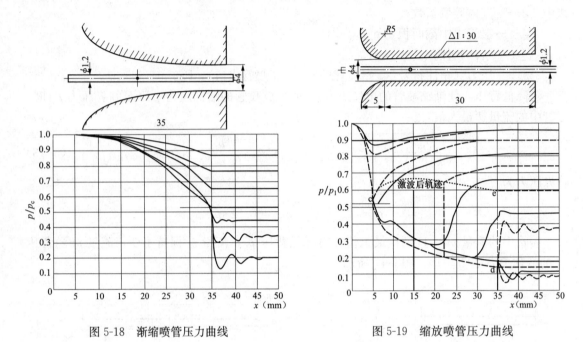

图 5-18　渐缩喷管压力曲线　　　　　　　　图 5-19　缩放喷管压力曲线

5.4.3　实验装置

本系统由实验台本体、真空泵、数据采集系统（电测仪器、传感器集线盒、采集与程控机箱）、计算机等组成。其中传感器集线盒、采集与程控机箱、计算机并口由计算机打印共享线（DB25M）连接。

实验台本体结构如图 5-20 所示。空气自吸气口 2 进入进气管 1，流过孔板流量计 3，流量的大小可以从 U 形管压差计 4 读出，喷管 5 用有机玻璃制成，有渐缩和缩放两种形式，如图 5-21、图 5-22 所示。根据实验要求，可松开夹持法兰上的螺栓，向左推开进气管的三轮支架 6，更换所需的喷管。喷管各截面上的压力是由插入喷管内的测压探针 7 连接至可移动标准真空表 8 测得，它们的移动通过手轮-螺杆机构 9 实现。在喷管后的排气管上还装有背压真空表 10，真空罐 12 起稳定背压的作用，罐内的真空度通过背压调节阀 11 来调节，为减少振动，真空罐与真空泵之间用软管连接。

电测仪器包括负压传感器、压差传感器、位移传感器，它们分别将可移动式真空表、U形管压差计、测压探针在喷管内不同截面上的压力转换为电讯号输入传感器集线盒，然后在计算机上直接得出实验曲线。

5.4.4　实验内容及步骤

分别对渐缩喷管和缩放喷管进行如下操作：装好喷管后对真空泵作开车前检查（检查传动系统、油路、水路）。检查无问题后，打开背压调节阀，用手转动真空泵飞轮几周，去掉气缸中过量的油，开启电动机，当达到正常转速后可开始实验。

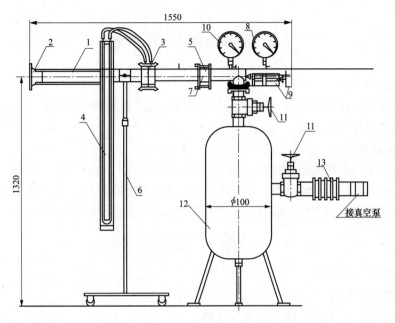

图 5-20　实验台总图

1—进气管；2—空气吸气口；3—孔板流量计；4—U形管压差计；5—喷管；

6—三轮支架；7—测压探压针；8—可移动真空表；9—手轮螺杆机构；

10—背压真空表；11—背压用调节阀；12—真空罐；13—软管接头

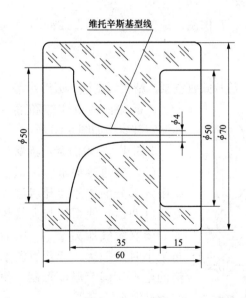

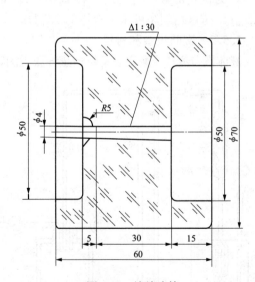

图 5-21　渐缩喷管　　　　　　　　　图 5-22　缩放喷管

　　将测压探针上的测压孔移至喷管出口之外一段距离之后保持不动，此时 $p_2 = p_b$，改变调节阀开度，调节背压 p_b 自 p_1 开始逐渐降低，记录在不同 p_b 下的孔板压差 Δp 值，以备计算流量及绘制 m-p_b 曲线，实验时注意记下 Δp 开始达到最大值的 p_b，以求得 p_c 及 p_f 值。调节不同的 p_b，摇动手轮，使 X 自喷管进口逐步移至出口外一段距离，记录不同 X 值的 p 值，以测定不同工况下的 p-X 曲线。接通电测仪器，分别记录 m-p_b 曲线和 p-X 曲线。

5.5 液体饱和蒸气压测定

5.5.1 实验目的

测不同温度下液体的饱和蒸气压、平均摩尔气化热。深刻理解克拉贝龙方程的含义及饱和温度与饱和蒸汽压力的关系。

5.5.2 实验原理

在通常温度下（距离临界温度较远时），纯液体与其蒸气达到平衡时的蒸气压称为该温度下液体的饱和蒸气压，简称蒸气压。蒸发 1mol 液体所吸收的热量称为该温度下液体的摩尔气化热。液体的饱和蒸气压与温度的关系用克劳修斯-克拉贝龙方程式表示：

$$\frac{\mathrm{d}\ln p}{\mathrm{d}T} = \frac{\Delta_{\mathrm{vap}}H_{\mathrm{m}}}{RT^2} \tag{5-44}$$

式中 R——摩尔气体常数；

T——热力学温度，℃；

$\Delta_{\mathrm{vap}}H_{\mathrm{m}}$——在温度 T 时纯液体的摩尔气化热。

假定 $\Delta_{\mathrm{vap}}H_{\mathrm{m}}$ 与温度无关，或因温度范围较小，$\Delta_{\mathrm{vap}}H_{\mathrm{m}}$ 可以近似作为常数，积分上式，得：

$$\ln p = \frac{\Delta_{\mathrm{vap}}H_{\mathrm{m}}}{R} \cdot \frac{1}{T} + C \tag{5-45}$$

其中 C 为积分常数。由此式可以看出，以 $\ln p$ 对 $1/T$ 作图，应为一直线，直线的斜率为 $-\Delta_{\mathrm{vap}}H_{\mathrm{m}}/R$，由斜率可求算液体的 $\Delta_{\mathrm{vap}}H_{\mathrm{m}}$。

5.5.3 实验设备和材料

液体饱和蒸气压测定设备包括蒸气压力测定仪、旋片式真空泵、精密温度计、恒温水浴一套、乙醇等。纯液体饱和蒸汽压测定装置图如图 5-23 所示。

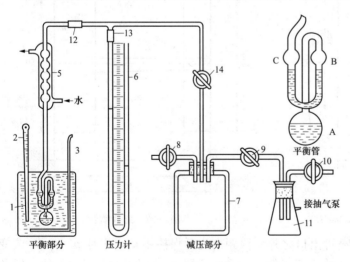

图 5-23 纯液体饱和蒸汽压测定装置图

1—盛水大烧杯；2—温度计算；3—搅拌；4—平衡管；5—冷凝管；6—开口 U 形水银压力计；7—具有保护罩的缓冲瓶；8—进气活塞；9—抽气活塞；10—放空活塞；11—安全瓶；12—橡皮管；13—橡皮管；14—三通活塞

5.5.4 实验内容及步骤

（1）接通冷却水。认识系统中各部分的作用。开启进气旋塞（两通）使系统与大气相通。读取大气压力 p_{amb}，以后每半小时读一次。打开恒温水浴的电源，调节温度控制，使水浴升温至约 35℃。

（2）开启真空泵，运转 2min 后开启抽气旋塞（即调三通阀使得三向皆通），关闭进气旋塞，使系统减压至汞柱差约为 500mm。旋转三通使之不与真空泵相通。系统若在 5min 之内压差不变，则说明系统不漏气。

（3）水浴温度升至 40℃后，等待 2min 后精确读取水浴温度。缓慢旋转进气旋塞，使平衡管中二液面等高，读取压差。分别测定 40、45、50、55、60、65℃时液体的饱和蒸汽压。

5.6 流体流动现象演示实验

5.6.1 伯努利方程演示

1. 实验目的

了解流体以恒定流流经特定管路（伯努利方程实验管）时一些（四个）特定截面上的总压头 $\left(z + \dfrac{p}{\rho g} + \dfrac{v^2}{2g}\right)$、位置水头（$z$）、压力水头 $\left(\dfrac{p}{\rho g}\right)$、速度水头 $\left(\dfrac{v^2}{2g}\right)$ 的变化规律，再绘制出近似的压头线，从而加深对伯努利能量方程的理解和认识。

2. 实验原理

（1）流体运动时的机械能。流体运动时具有三种机械能：即位能、动能、压力能，这三种能量可以互相转换。当管路条件改变时（如位置高低，管径大小），它们会自行转换。如果是黏度为零的理想流体，由于不存在机械能损失，因此在同一管路的任何两个截面上，尽管三种机械能彼此不一定相等，但这三种机械能总和是相等的。

（2）机械能的转换。对实际流体来说，因为存在内摩擦，流动过程中总有一部分机械能因摩擦和碰撞而消失，即转化成了热能。而转化为热能的机械能，管路中是不能恢复的。对实际流体来说，这部分机械能相当于是被损失掉了，亦即两个截面上的机械能的总和是不相等的，两者的差额就是流体在这两个截面之间因摩擦和碰撞转换成为热的机械能。因此在进行机械能核算时，就必须将这部分消失的机械能加到下游截面上，其和才等于流体在上游截面上的机械能总和。

（3）机械能的表示。上述几种机械能都可以用测压管中的一段液体柱的高度来表示。在流体力学中，把表示各种机械能的流体高度称为"水头"。表示位能的，称为位置水头；表示动能的，称为动能水头（或速度水头）；表示压力的，称为静水头；已消失的机械能，称为水头损失（或摩擦水头）。这里所谓的"水头"系指单位重力作用下的流体所具有的能量。

1）静水头。当测压管上的小孔（即测压孔的中心线）与水流方向垂直，测压管内液柱高度（从测压孔算起）即为静水头，它反映测压点处液体的压强大小。测压孔处液体的位置水头则由测压孔的几何高度决定。

2）动水头。当测压孔由上述方位转为正对水流方向时，测压管内液位将因此上升，所增加的液位高度，即为测压孔处液体的动水头，它反映该点水流动能的大小。这时测压管内液位总高度则为静水头与动水头之和，我们称之为"总水头"。

水头损失：

任何两个截面上位压头、动压头、静压头三者总和之差即为水头损失，它表示液体流经这两个截面之间时机械能的损失。

理想不可压缩流体在管内作缓变流时，遵循伯努利能量方程式：

$$z + \frac{p}{\rho g} + \frac{v^2}{2g} = C \tag{5-46}$$

对于实际黏性流体在管内作缓变流时，伯努利能量方程式：

$$z_1 + \frac{p_1}{\rho g} + \alpha_1 \frac{v_1^2}{2g} = z_2 + \frac{p_2}{\rho g} + \alpha_1 \frac{v_2^2}{2g} + h_w \tag{5-47}$$

$$h_w = h_f + h_j \tag{5-48}$$

式中　z——位置水头，单位重力作用下流体从某一基准面算起的势能，m；

　　　$\dfrac{p}{\rho g}$——压力水头，单位重力作用下流体的压力势能，m；

　　　$\dfrac{v^2}{2g}$——速度水头，单位重力作用下流体的动能，m；

　　　α——动量修正系数，近似取 $\alpha = 1$；

　　　h_w——单位重力作用下流体的总能量损失，m；

　　　h_f——单位重力作用下流体的沿程阻力损失，m；

　　　h_j——单位重力作用下流体的局部能量损失，m。

3. 实验设备

伯努利方程实验装置的结构示意图如图 5-24 所示。

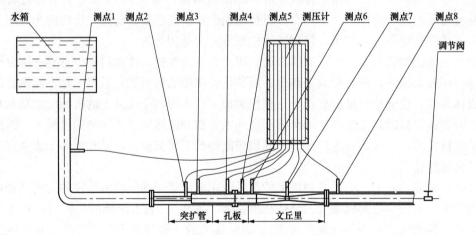

图 5-24　伯努利方程实验装置结构示意图

4. 实验内容与步骤

（1）关闭流量调节阀，旋转测压管，观察并记录个测压管中的液位高度 H。

（2）开动循环水泵，开流量调节阀至一定大小，将测压孔转到正对水流方向及垂直水流方向，观察并记录各测压管相应的液位高度。

（3）不改变测压孔位置，继续开大流量调节阀，观察测压管液位变化。并记录各测压管液位的相应高度。

注意观察不同测点的位置水头、压力水头、速度水头（可根据管道截面了解速度的相对大小）变化规律。注意观察同一测点的位置水头、压力水头、速度水头之间的关系。

5.6.2　流体静压强特性演示实验

1. 实验目的

加深对水静力学基本方程物理意义的理解，验证静止液体中，不同点对于同一基准面的测压管水头为常数；测定在静止液体内部 A、B 两点的压强值。

2. 实验原理

在重力作用下，不可压缩流体静力学基本方程

$$\frac{p}{\rho g} + z = c$$

表明：当质量力仅为重力时，静止液体内部任意点对同一基准面的 z 与 $\frac{p}{\rho g}$ 两项之和为常数。

重力作用下，液体中任一点静水压强为

$$p = p_0 + \rho g h$$

式中 z——被测点在基准面以上的位置高度，m；

     p——被测点的静水压强，用相对压强表示，以下同，Pa；

     p_0——水箱中液体的表面压强，Pa；

     ρ——液体密度，kg/m³；

     h——被测点的液体深度，m。

3. 实验装置

流体静压强特性实验装置结构示意图如图 5-25 所示。

4. 实验内容与步骤

打开排气阀，使水箱的液面与大气相通，此时液面压强 p_0 $=p_b$，待水面稳定后，观察各 U 形压差计的液面位置，以验证等压面原理。观察静水头线——水平线，注意理解其意义。

关闭排气阀，当液面压强 p_0 不变时，测定不同位置压强的值；改变液面压强 p_0，当测点位置不变时，测定不同位置压强值，观察测压口位置，并理解位置水头的特点——相对性（当测点位置不变时，压强随液面压强的不同而变化）。

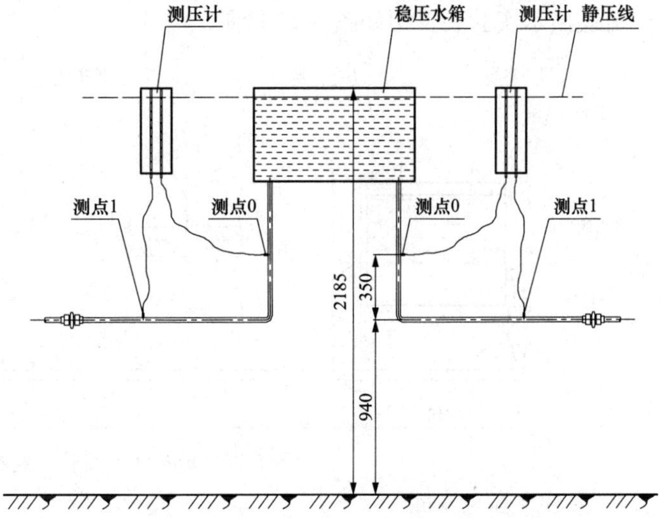

图 5-25 流体静压强特性实验装置结构示意图

5.6.3 流态演示实验

1. 实验目的

观察管流流动过程中两流态的流动及其变化特点，建立对层流和紊流两种流动类型的直观感性认识。观察层流流动特点，紊流流动特点，层流→紊流过渡区的变化特点和紊流→层流过渡区的变化特点。

2. 实验原理

雷诺（Reynolds）用实验法研究流体流动时，发现影响流动类型的因素除流速 v 外，还有管径（或当量直径）d，流体的密度 ρ 及黏度 μ，并可用这 4 个物理量组成的无因次数来判定流体流动类型：

$$Re = \frac{\rho d v}{\mu} \tag{5-49}$$

当 $Re < 2000 \sim 2300$ 时，为层流；

当 $Re > 4000$ 时，为紊流；

当 $2000 < Re < 4000$ 时，为过渡区，在此区间可能为层流，也可能为紊流。

由式（5-49）可知，对于一个设备，d 为定值，故流速 v 仅为流量的函数，对于流体水来说，ρ、μ 仅为温度 t 的函数，因此确定了温度及流量，即可由仪器铭牌上的图查取雷诺数。

雷诺实验对外界环境要求较严格，应避免在有振动设施的房间内进行，但由于实验条件的限制，通常在普通房间内进行，故对实验结果产生一些影响，再加之管子粗细不均匀等原因，层流雷诺数的上界在 $1600 \sim 2000$。

当流体的流速较小时，管内流动为层流，管中心的指示液呈一条稳定的细线通过全管，与周围的流体无质点混合；随着流速的增加，指示液开始波动，形成一条波浪形细线；当速度继续增加，指示液将被打散，与管内液体充分混合。

3. 实验设备

流态演示实验装置图如图 5-26 所示。

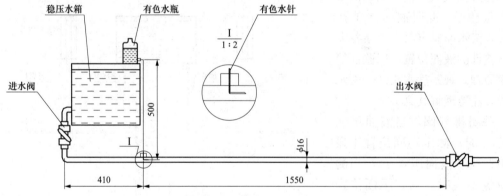

图 5-26　流态演示实验装置图

4. 实验内容与步骤

（1）打开进水阀使水箱充水至溢流水位，经稳定后，微微开启调节阀，并注入颜色水。

（2）开始实验管道内的颜色水流成一直线，表示水流呈层流流态。然后逐步开大调节阀，颜色线将开始摆动，表示进入从层流到湍流的过渡区。

（3）继续开大调节阀，在某处颜色线突然消失，表示流动变成了湍流。逐步关小调节阀，再观察由湍流转变为层流的过程。观察过程中墨水线的变化和流量的关系。

5.6.4　绕流实验

1. 实验目的

绕流问题是流体力学的经典问题。通过本实验理解实际流体绕圆柱流动时表面压强分布规律，并与理想流体作比较；了解运动流体流过固壁时，壁面压强分布的测量方法；了解确定圆柱绕流阻力的实验和计算方法；理解圆柱绕流阻力产生的原因。

2. 实验原理

绕流阻力是由流体绕物体流动所引起的压强差和摩擦切应力所造成的。一般地说，压强差是起主导作用的，并相应于速度 v_0 的动压力成正比。

以圆柱体为例如图 5-27 所示，实验件是在圆柱体的壁面上设有一个小测压孔，此孔与测压计相连。实验段的壁面上装有 $360°$ 的角度盘，圆柱体可以绕轴旋转以使测压孔的轴线指向不同角度，从而测出绕整个壁面的压强分布。

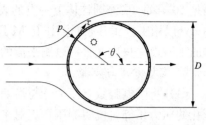

图 5-27 柱体实验件示意图

理想流体以均流速度 v 绕圆柱做无环量流动时圆柱表面速度分布为（极坐标）

$$v_r = 0, v_\theta = -2v_\infty \sin\theta \tag{5-50}$$

根据理想不可压流体伯努利方程，柱面上任一点与无穷远点的参数关系为

$$\frac{p}{\rho g} + \frac{v_\theta^2}{2g} = \frac{p_\infty}{\rho g} + \frac{v_\infty^2}{2g} \tag{5-51}$$

式中 p_∞——无穷远处的压力，Pa；

v_∞——无穷远处的来流速度，m/s。

工程上习惯用压力系数 C_p 表示流体作用在物体上任何一点的压力。由式（5-50）和式（5-51）可得绕圆柱体流动的理论压力系数为

$$C_p = \frac{p - p_\infty}{\frac{1}{2}\rho v_\infty^2} = 1 - 4\sin^2\theta \tag{5-52}$$

由于作用在圆柱体压强为对称分布，因此合力为零，称为达朗贝尔之谜。实际流体具有黏性，绕流圆柱时柱面上的黏性切应力和压强分布是前后不对称的，合力不为零，形成压差阻力。实际的压力系数分布可按式（5-52）由实测得到，其中动压

$$\frac{1}{2}\rho v_\infty^2 = p_0 - p_\infty = 9.81(h_0 - h_\infty) \tag{5-53}$$

式中 h_0——来流总压 p_0 的值，mm；

h_∞——来流静压 p_∞ 的值，mm；

9.81——由 $[mmH_2O]$ 换成 $[N/m^2]$ 应乘的系数。

而圆柱表面上任意一点压力与来流压力之差

$$p_i - p_\infty = 9.81(h_i - h_\infty) \tag{5-54}$$

这样，实际的压力系数为 C_D 为

$$C_D = \frac{p_I - p_\infty}{\frac{1}{2}\rho v_\infty^2} = \frac{9.81(h_i - h_\infty)}{9.81(h_0 - h_\infty)} = \frac{h_i - h_\infty}{h_0 - h_\infty} \tag{5-55}$$

3. 实验设备

绕流实验装置图如图 5-28 所示。

圆柱体安装在透明的有机玻璃实验管段，圆柱体轴与来流方向垂直，表面上有一测压孔 M，压力在与圆柱体相垂直的实验段壁上

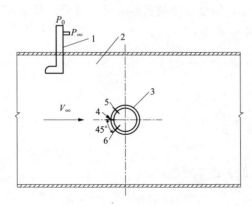

图 5-28 绕流实验装置图
1—皮托管；2—风管；3—圆柱体；
4—测压孔 M；5—校正孔 A；6—校正孔 B

引出通向测压计，圆柱体可绕自身转动，测压点位置角度 θ 由指针在刻度盘上读取，θ 的间隔是 $10°$，每 $10°$ 测圆柱体上一点的表面压力；同时在测压点的两侧 $45°$ 处各开一个校正孔 A 和 B，以用来校正开始时测压孔 M 是否对准来流方向，即找准 $\theta=0°$ 的位置。另外，在圆柱体的上游设一只皮托管，以测来流的总压 p_0 和静压 p_∞。

4. 实验方法与步骤

(1) 将微电脑数字压力计与沿两个沿水平轴对称的测压孔相连，旋转圆柱体，当两个测压孔的压力相等时说明测压孔正对来流方向，此时 $\theta=0°$。

(2) 分别测出来流总压 p_0 的 h_0 [mmH$_2$O] 和来流静压值 p_∞ 的 h_∞ [mmH$_2$O]。将皮托管提高到靠近风管上壁面的最高位置，以免扰乱圆柱体的气流。测量圆柱体表面压力 p 的 h 值 [mmH$_2$O]。

(3) 转动圆柱体，每隔一定角度测量一次圆柱体表面压力 p 的值 [mmH$_2$O]，当圆柱体转过两周后停止采集。

5.7 流体沿程阻力和局部阻力实验

5.7.1 沿程阻力试验

1. 实验目的

观察和测试流体在等直管道中流动时的能量损失情况。掌握管道沿程阻力系数的测定方法。了解沿程阻力系数在不同流态、不同雷诺数下的变化情况。

2. 实验原理

(1) 沿程阻力系数定义和测量原理。沿程损失测量原理图如图 5-29 所示。流体在管道中流动时，由于流体的黏性作用产生摩擦阻力称为沿程阻力，阻力表现为流体的能量损失。在沿程阻力实验管段中，对于水平放置的等直光滑圆管，流体阻力损失全部为沿程阻力损失 h_f，当对 l 长度两断面列能量方程式时，根据伯努利方程可以求得 L 长度上的沿程阻力损失 h_f。如图 5-29 所示的沿程阻力损失测量原理所示，对于水平放置的直光滑圆管，其中心线高度 z_1 和 z_2 相等：

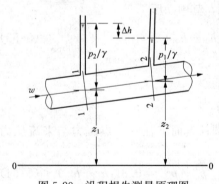

图 5-29 沿程损失测量原理图

$$h_f = \frac{p_1 - p_2}{\rho g} = h_1 - h_2 = \Delta h \qquad (5\text{-}56)$$

根据达西公式

$$h_f = \lambda \times \frac{l}{d} \cdot \frac{v^2}{2g} \qquad (5\text{-}57)$$

则有

$$\lambda = \frac{2gd}{lv^2}\Delta h = \frac{2g\pi^2 d^5}{16 l q_V^2}\Delta h \qquad (5\text{-}58)$$

式中　λ——沿程阻力系数；

　　　d——实验管段内径，m；

　　　l——实验管段长度，m；

q_V——体积流量，m^3/s。

相应雷诺数为

$$Re = \frac{vd}{\nu} = \frac{4Qd}{\pi d^2 \nu} = 1.273\frac{Q}{d\nu} \qquad (5\text{-}59)$$

式中　ν——试验工况下的运动黏度，m^2/s；

　　　v——试验工况下水流的平均流速，m/s。

（2）沿程阻力系数的变化规律。尼库拉兹为探讨紊流沿程阻力的计算公式，用不同粒径的人工砂粘贴在不同直径的管道内壁上，用不同的流速进行一系列试验。尼古拉兹通过大量实验，发现沿程阻力系数 λ 在层流和紊流三个不同流区内的变化规律，从而为确定 λ 值，进而计算紊流各流区的沿程水头损失 h_f 提供了可应用的方法。尼古拉兹沿程阻力系数与雷诺数的关系如图 5-30 所示。

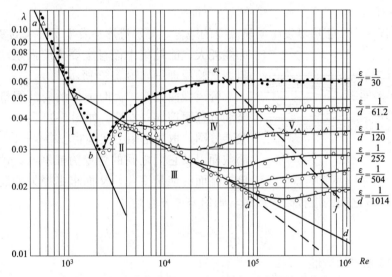

图 5-30　尼古拉兹沿程阻力系数与雷诺数关系曲线

1）层流状态时，圆管的 $\lambda = \dfrac{64}{Re}$ 与理论公式相一致，说明层流的 λ 仅是 Re 的函数，而且水头损失 h_f 与流速 v 的一次方成正比，与雷诺实验的结果相一致。

2）当 $2000 < Re < 4000$ 时，过渡区 λ 仅与 Re 有关，而与相对光滑度无关，$h_f \propto v^{1.75}$。

3）紊流状态。

紊流光滑区：类似于层流，λ 只与 Re 有关而与相对粗糙度 Δ/d 无关。

紊流粗糙区：λ 与 Re 无关，只与相对粗糙度 Δ/d 有关，$h_f \propto v^{2.0}$，所以紊流粗糙区又称为阻力平方区。

紊流过渡区：λ 既与 Re 有关，也与绝对粗糙度 Δ 有关，$h_f \propto v^{1.75\text{-}2.0}$。

3. 实验装置

沿程阻力实验装置如图 5-31 所示。

4. 实验内容与步骤

（1）首先缓慢打开（顺时针方向）流量调节阀、溢

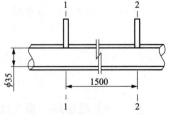

图 5-31　沿程阻力实验装置图

流阀、放水阀。再开启水泵给各水箱上水，使各水箱处于溢流状态，以保证测量水位稳定。

（2）缓慢关闭（逆时针方向）流量调节阀，排出测试管段内空气，直到测压计的所有玻璃管水位高度一致。

（3）缓慢打开流量调节阀到一适当开度（应预先估计，使阀在全关到全开即：0～90°范围，能调出 6～8 个不同开度），同时观察测压计。当液柱稳定后关闭放水阀，记录所测管段进出口玻璃管液位及计量水箱接纳一定容积水所用时间。

（4）调节到另一开度，重复上述测量内容，共测量 6～8 个不同开度。

5.7.2　局部阻力试验

1. 实验目的

观察和测试流体通过突扩管时的能量损失情况；掌握局部阻力系数的测定方法；了解阻力系数在不同流态、不同雷诺数下的变化情况。

2. 实验原理

局部水头损失产生于边界发生明显改变的地方，使水流形态发生了很大的变化。其特点为能耗大、能耗集中而且主要为旋涡紊动损失。局部阻力试验原理图如图 5-32 所示。

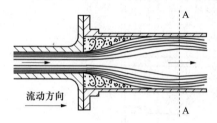

图 5-32　局部阻力试验原理图

管道截面突然扩大时流体的局部能量损失根据伯努利方程原理加以推算。如图 5-33 所示为局部阻力实验装置图，取局部阻力实验管段中 1—1、2—2 两缓变流截面以及它们之间的管壁为控制面，计算流体流过该控制面的能量变化，从而求出损失的能量。忽略截面 1—1 截面 2—2 之间的沿程摩擦损失，则伯努利方程为

$$z_1 + \frac{p_1}{\rho g} + \frac{v_1^2}{2g} = z_2 + \frac{p_2}{\rho g} + \frac{v_2^2}{2g} + h_j$$

对于水平管轴线的情形，有：

$$h_j = \frac{p_1 - p_2}{\rho g} + \frac{v_1^2 - v_2^2}{2g}$$

其中 $\dfrac{p_1 - p_2}{\rho g} = h_1 - h_2 = \Delta h$ 为静压损失，静压损失根据各测压孔截面上测压管的水柱高度及前后截面的水柱高度差 Δh 获得，而动压损失 $\dfrac{v_1^2 - v_2^2}{2g}$ 则可通过计算求出。

根据局部阻力计算公式：

$$h_j = \xi \frac{v^2}{2g} \tag{5-60}$$

故有按大截面流速与小截面流速计算的局部损失系数分别为

$$\xi_D = 2g \frac{h_j}{v_D^2} = \frac{9\pi^2 D^4}{8 q_V^2} h_j \tag{5-61}$$

$$\xi_d = 2g \frac{h_j}{v_d^2} = \frac{9\pi^2 d^4}{8 q_V^2} h_j \tag{5-62}$$

式中　ξ_D——大截面局部损失系数；

　　　ξ_d——小截面局部阻力系数；

D——大截面管径，m；

d——小截面管径，m；

q_V——体积流量　m³/s。

理论上，管道截面突然扩大的局部能量损失和局部损失系数分别为

$$h_f = \left(1 - \frac{A_1}{A_2}\right)^2 \frac{v_d^2}{2g}$$

$$\xi_d = \left(1 - \frac{A_1}{A_2}\right)^2$$

3. 实验装置

局部阻力实验装置如图 5-33 所示。局部阻力系数测定的主要部件为局部阻力实验管路，它由细管和粗管组成一个突扩和一个突缩组件。每个阻力组件的两侧一定间距的断面上都设有测压孔，并用测压管与测压板上相应的测压管相联接。当流体流经实验管路时，可以测出各测压孔截面上测压管的水柱高度及前后截面的水柱高度差△h。实验时还需要测定实验管路中的流体流量。由此可以测算出水流流经各局部阻力组件的水头损失 h_f，从而最后得出各局部组件的局部阻力系数 ζ。

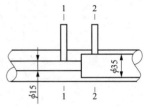

图 5-33　局部阻力实验装置图

4. 实验方法与步骤

（1）首先缓慢打开（顺时针方向）流量调节阀、溢流阀、放水阀。再开启水泵给各水箱上水，使各水箱处于溢流状态，以保证测量水位稳定。

（2）缓慢关闭（逆时针方向）流量调节阀，排出测试管段内空气，直到测压计的所有玻璃管水位高度一致。

（3）缓慢打开流量调节阀到一适当开度（使阀在全关到全开即：0～90°范围，调出 6～8 个不同开度），同时观察测压计。当液柱稳定后关闭放水阀，记录所测管段进出口玻璃管液位及计量水箱接纳一定容积水所用时间。

（4）调节到另一开度，重复上述测量内容，共测量 6～8 个不同开度。

5.8　流量计流量系数的测定

5.8.1　实验目的

掌握文丘利管流量计和孔板流量计的构造原理；学会文丘利管流量计和孔板流量计流量系数的测定方法。

5.8.2　实验原理

工业生产中，常需调节、控制流体的流量，以满足生产工艺的要求，测量流体流量的方法很多，利用流体机械能的相互转化原理，人为的使流体在流动过程中产生局部的静压差，测得静压差的大小，应用伯努利方程来确定流体的流速或流量，是工业生产中较常用的方法。

对于文丘利管流量计［如图 5-34（a）所示］，其工作原理就是借助于收缩管，使流体横截面收缩，速度增大，静压下降，根据流体在收缩管进口截面上的压力与出口截面上的压力变化与流量间的关系确定流量的。取收缩管进口截面为 1—1 截面，收缩管出口截面为 2—2

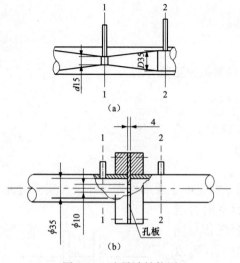

图 5-34　流量计结构图

（a）文丘里流量计；（b）孔板流量计

截面，忽略损失，对 1—1 截面和 2—2 截面列伯努利方程，可知：

$$z_1 + \frac{p_1}{\rho g} + \frac{v_1^{\,2}}{2g} = z_2 + \frac{p_2}{\rho g} + \frac{v_2^{\,2}}{2g}$$

若流量计水平安装，$z_1 = z_2$，则有

$$\frac{p_1}{\rho g} - \frac{p_2}{\rho g} = \frac{v_2^2}{2g} - \frac{v_1^2}{2g} \tag{5-63}$$

由质量守恒原理有

$$\rho v_1 A_1 = \rho v_2 A_2$$

则有

$$v_1 = v_2 \left(\frac{D}{d}\right)^2$$

且 $\dfrac{p_1}{\rho g} - \dfrac{p_2}{\rho g} = \Delta h$（两断面测压管水头差），代入式（5-63），得：

$$\Delta h = \left[\left(\frac{D}{d}\right)^4 - 1 \right] \frac{v_2^2}{2g}$$

即：

$$v = \sqrt{\frac{2g\Delta h}{\left(\dfrac{D}{d}\right)^4 - 1}}$$

因此，通过流量计的理论计算流量为

$$Q_{理} = \frac{\pi D^2}{4} \sqrt{\frac{2g\Delta h}{\left(\dfrac{D}{d}\right)^4 - 1}}$$

令

$$K = \frac{\pi D^2}{4} \sqrt{\frac{2g}{\left(\dfrac{D}{d}\right)^4 - 1}} \quad （常数）$$

则

$$Q_{理} = K\sqrt{\Delta h}$$

式中，对于文丘利管：$D = 0.035\text{m}$、$d = 0.015\text{m}$；对于孔板：$D = 0.035\text{m}$、$d = 0.010\text{m}$；

流量计量：计量水箱每毫米液高，相当于 $0.2116 \times 10^{-3}\,\text{m}^3$ 体积水量。

由于实际存在能量损失，所以实测流量 $Q_{实}$（计量水箱测得）应小于理论计算流量 $Q_{理}$，今引入一无量纲系数 $\mu = \dfrac{Q_{实}}{Q_{理}}$（$\mu$ 称为流量系数），对计算所得的流量值进行修正。

即

$$Q_{实} = \mu Q_{理} = \mu K\sqrt{\Delta h} \tag{5-64}$$

由式（5-64）可以看出，只要用其他方法确定出文丘利管的流量，通过测定压力差（$p_1 - p_2$），则可以定出文丘利管流量系数。

对孔板流量计进行计算时，只需用其流量系数 C_v 代替 μ 即可。

5.8.3 实验设备

孔板流量计和文丘里流量计是应用最广泛的节流式流量计。文丘利管结构如图 5-34（a）所示。它是由收缩管、喉管和扩散管组成的一个变截面管道。孔板流量计结构如图 5-34（b）所示，其结构是在管道内插入一片与管轴垂直并带有通常为圆孔的金属板，孔的中心位于管道的中心线上。

5.8.4 实验方法与步骤

（1）首先缓慢打开（顺时针方向）流量调节阀、溢流阀、放水阀。再开启水泵给各水箱上水，使各水箱处于溢流状态，以保证测量水位稳定。

（2）缓慢关闭（逆时针方向）流量调节阀，排出测试管段内空气，直到测压计的所有玻璃管水位高度一致。

（3）缓慢打开流量调节阀到一适当开度（应预先估计，使阀在全关到全开即：0～90°范围，能调出 6～8 个不同开度），同时观察测压计。当液柱稳定后关闭放水阀，记录所测管段进出口玻璃管液位及计量水箱接纳一定容积水所用时间。

（4）调节到另一开度，重复上述测量内容，共测量 6～8 个不同开度。

5.9 管路流动规律研究试验

5.9.1 实验目的

理解若干典型管路，如串联、并联、分支、汇流、简单管网等的流动规律；掌握典型管路的水力计算方法；灵活应用实验室中各常规实验的测试手段。

5.9.2 实验原理

1. 串联管路

串联管路是由不同管径的管道依次连接而成的管路，如图 5-35 所示。各连结点（节点）处流量出入平衡，即进入节点的总流量等于流出节点的总流量。

$$\sum Q_i = 0$$

其中，进为正，出为负，它反映了连续性原理。

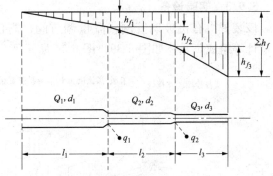

图 5-35 串管路流动规律实验原理图

全线水头损失为各分段水头损失之和，即：

$$h_f = \sum h_{f_i} = h_{f_1} + h_{f_2} + \cdots + h_{f_n} \tag{5-65}$$

它反映了能量守恒原理。

2. 并联管路

两条以上的管路在同一处分离，以后又汇合于另一处，这样的组合管道，叫并联管路，如图 5-36 所示。

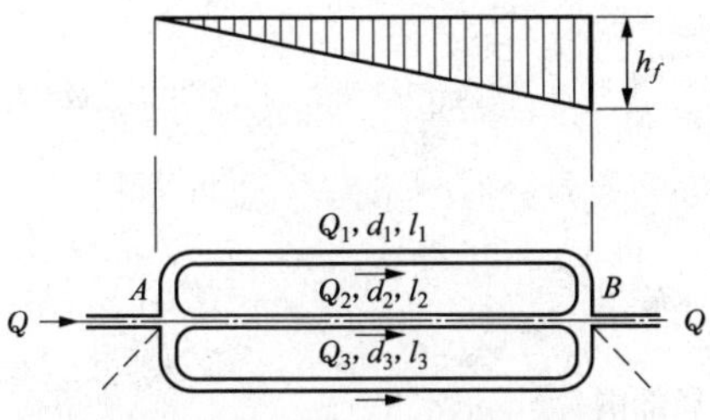

进入各并联管的总流量等于流出各并联管的总流量之和，即

图 5-36 并联管路流动规律实验原理图

$$Q = \sum Q_i$$

不同并联管段 A→B，单位重力作用下液体的能量损失相同，即：

$$h_f = h_{f_i} = h_{f_1} = h_{f_2} = \cdots = C \tag{5-66}$$

3. 分支管路

如图 5-37 所示，分支管路是有支管分流或汇流的管道。分支管路流入和流出管道汇合处的流量相等，同时沿一条干线上总水头损失为各段水头损失总和。

4. 管网

如图 5-38 所示，管网由若干管道环路相连接，流体在它们的结点处流入、流出的管道系统。管网流入结点的流量等于流出结点的流量，同时任一环路中，由某一结点沿两个方向到另一结点的能量损失和应相等。

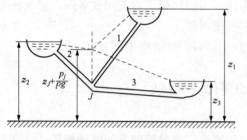 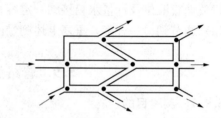

图 5-37　分支管路流动规律实验原理图　　　图 5-38　管网路流动规律实验原理图

5.9.3　实验设备

该装置由有机玻璃管网、流量调节阀、高位水箱、低位水箱、水泵、U 形管压差计、流量计等组成，具体如图 5-39、图 5-40 所示。

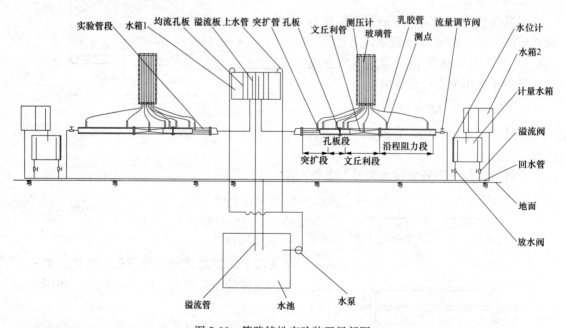

图 5-39　管路特性实验装置局部图

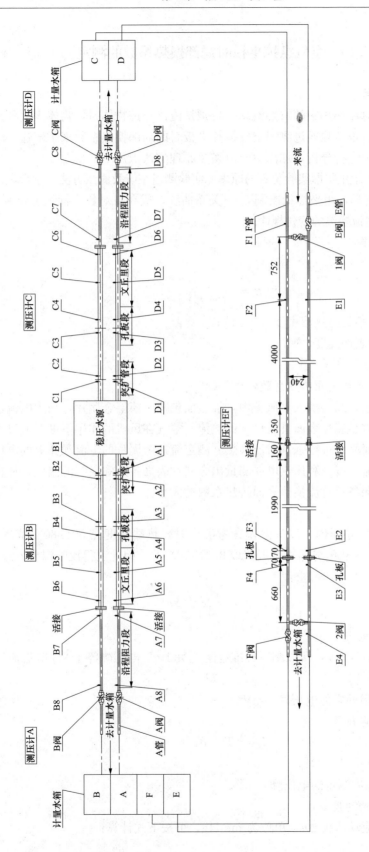

图 5-40 流体力学实验台系统图

5.10　空气纵掠平板时局部换热系数的测定

5.10.1　实验目的

局部换热系数是对流换热中的重要概念，特别是流体外掠物体时，物体表面各部位的局部换热系数变化很大。本实验通过测定空气纵掠平板时的局部换热系数来了解这一现象，并对产生这一现象的原因进行分析，加深对对流换热原理的认识。

通过该实验，要求学生掌握实验装置的原理、实验测量系统及测试方法；学会利用表格对实测数据进行记录和整理，用坐标纸绘制 h_x-x 关系曲线，或在双对数坐标纸上绘制 Nu_x-Re_x 关系，并分析沿平板对流换热的变化规律。

5.10.2　基本原理

1. 局部换热系数 h

$$h = \frac{q}{(t - t_f)} \tag{5-67}$$

式中　q——物体表面某处的热流密度，W/m^2；

$\quad\quad$ t——相应点的表面温度，℃；

$\quad\quad$ t_f——主流的温度，℃；

$\quad\quad$ h——局部对流换热表面传热系数，$W/(m^2 \cdot ℃)$。

实验试件是一平板，纵向插入一风道中，板表面包覆一薄层金属片，利用电流通过金属片对其加热，可以认定金属片表面具有恒定的热流。空气在风机的作用下纵向流过平板，冷空气就与电加热薄金属平板进行强制对流换热。测定流过金属片的电流和其上的电压降即可准确地确定表面的热流密度，利用热电偶测量出金属片表面各点和空气的温度，根据对流换热公式求出平板上纵向各点对流换热表面传热系数的大小。

2. 金属片壁温 t

所用测温热电偶为铜-康铜，以室温作参考温度时，热端温度在 $50\sim80$℃范围内变化，冷端、热端每 1℃温差的热电势输出可近似取 0.043mV/℃。因此测得反映温差 $t-t_f$ 的热电势 $E(t, t_f)$，单位为 mV，即可求：

$$t - t_f = \frac{E(t, t_f)}{0.043}$$

3. 流过金属片的电流 I

标准电阻为 150A/75mV，所以测得标准电阻上每 1mV 电压降等于 2A 电流流过，即

$$I = 2U_1$$

式中　U_1——标准电阻两端的电压降，mV。

4. 金属片两端的电压降 U

$$U = TU_2 10^{-3}$$

式中　T——分压箱倍率 $T=201$；

$\quad\quad$ U_2——经分压箱后测得的电压降，mV。

5. 空气掠过平板的速度 v

由毕托管测空气流动压头 Δh，单位为 mmHg，可按下式计算：

$$v = \sqrt{\frac{2 \times 9.81}{\rho} \Delta h}$$

式中 ρ——空气密度，kg/m³；

v——空气掠过平板的速度，m/s。

6. 局部对流换热表面传热系数 h_x

假设：①电热功率均布在整个表面；②不计片面外界辐射散热的影响；③忽略片纵向导热的影响。局部表面传热系数 h_x 可按式（5-68）计算：

$$h_x = \frac{UI}{lb(t - t_f)} \tag{5-68}$$

式中 l——金属片长度，m；

b——金属片宽度，m。

7. 局部努谢尔特数 Nu_x 与雷诺数 Re_x

$$Nu_x = \frac{h_x x}{\lambda}$$

$$Re_x = \frac{vx}{\nu}$$

式中 x——离平板前缘的距离，m；

λ——空气的导热系数，W/(m·℃)；

ν——空气的运动黏性系数，m²/s；

ρ——空气密度，kg/m³。

用来流的温度与壁温的平均值作为定性温度，即 $\frac{t + t_f}{2}$，平均壁温 $\bar{t} = \frac{t_{max} + t_{min}}{2}$。

5.10.3 实验装置

实验段简图如图 5-41 所示，实验风道 1 由有机玻璃制成，中间插入一可滑动的平板 2，中间包覆一金属片，成一很薄的楔板，二侧对称，中间设置有热电偶 4 沿纵向 x 轴不均匀地布置 2 对热电偶，它们通过热电偶接件与测量电位差计相连，片 3 的二端经电源导板与低压直流电源连接。

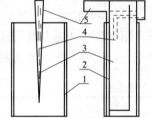

图 5-41 实验段简图
1—风道；2—平板；3—不锈钢片；
4—热电偶；5—电源导板

如图 5-42 所示为实验装置的原理图，整流电源 1 供给低压直流大电流，电流量通过串联在电路中的标准电阻 5 上的电压降来测量，为简化测量系统。测量平板壁温 t 的热电偶的参考温度不用摄氏零度，而用空气流的温度 t_f，即其热端 6 设在板内，冷端 7 则在风道气流中，所以热电偶反应的为温差 $t - t_f$ 的热电势 $E(t, t_f)$，片 2 端的电压降亦用电位差计测量，为了能用一台电位差计测量热电偶毫伏值、标准电阻上的电压降及片二端的电压降，设有一转换开关 9 再接入电位差计，在测量片两端的电压降时，受电位差计量程限制，电路中接入一分压箱 8。

用毕托管 12 通过倾斜式微压计 11 测量掠过平板的气流动压以确定空气流速。

平板试件参数：板长 $L = 0.33$m；板宽 $B = 80 \times 10^{-3}$m；金属片宽 $b = 65 \times 10^{-3}$m；金属片厚 $\delta = 1 \times 10^{-4}$m；金属片总长 $l = 2L = 0.66$m。

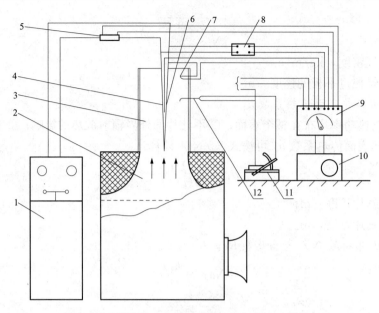

图 5-42　测定空气纵掠平板时局部换热系数的装置及测量系统原理图
1—低压直流电源；2—风源；3—实验段风道；4—平板试件；5—标准电阻；6—热电偶热端；
7—热偶冷端；8—分压箱；9—转换开关；10—电位差；11—微压计；12—毕托管

5.10.4　实验内容和操作步骤

测量 h_x-x 关系曲线：

（1）连接并检查所有线路和设备，将整流电源电压调节钮旋转至零位。

（2）调整电位差计，然后打开风机，调节风门，并将平板放在适当的位置上，再接通整流电源，并逐步提高输出电压，对平板缓慢加热。为避免损坏配件，又能达到足够的测温准确度，片温控制在 80℃ 以下，可用手抚摸至手无法忍受为止。

（3）待热稳定后开始测量，从板前缘开始按热电偶编号（热电偶编号与布置位置见表 5-1），用电位差计逐点测出其温度电势 $E(t, t_f)$，测量过程中加热电流、电压及气流动压变动较小，可认为不变，可选测几组。

表 5-1　　　　　　　　　　　热电偶布置位置

热量偶编号	1	2	3	4	5	6	7	8	9	10	11
离板前缘距离 x（mm）	0	0	2.5	5	7.5	10	15	20	25	32.5	40
热电偶编号	12	13	14	15	16	17	18	19	20	21	22
离板前缘距离 x（mm）	50	60	75	90	110	130	160	190	220	260	300

5.11　空气横掠圆柱体时局部表面传热系数的测定

5.11.1　实验目的

局部表面传热系数是对流换热中的重要概念，特别是流体外掠物体时，物体表面各部位的局部对流换热表面传热系数变化很大。本实验通过测定空气横掠圆柱体时的局部对流换热表面传热系数来了解这一现象，并对产生这一现象的原因进行分析，加深对对流换热原理的认识。

通过实验使学生掌握实验装置的测试原理及测量系统的组成和测试方法；学会利用表格对实测数据进行记录与整理，绘制 $Nu_{x\varphi}$-φ 坐标图，并分析 $Nu_{x\varphi}$-φ 的变化规律及原因。

5.11.2　基本原理

1. 局部表面传热系数 h

$$h = \frac{q}{(t - t_f)}$$

式中　q——物体表面某处的密度，w/m^2；

　　　t——相应点的表面温度，℃；

　　　t_f——主流的温度，℃；

　　　h——局部对流换热表面传热系数，$W/(m^2 \cdot ℃)$。

实验试件是包覆一薄层不锈钢片的胶木圆柱体，横向插入一风道中，利用电流通过金属片对其加热，并可认定金属片表面具有恒定的热流，空气在风机的作用下横向流过圆柱体，冷空气就与电加热薄金属圆柱体进行强制对流换热。测定流过金属圆柱体片的电流和其上的电压降即可准确地确定表面的热流密度，利用热电偶测量出金属圆柱体片表面各点和空气的温度，根据对流换热公式求出圆柱体片上周向各点换热系数的大小。

2. 金属片壁温 t

所用测温热电偶为铜-康铜，以室温作参考温度时，热端温度在 $50\sim80℃$ 范围内变化，冷端、热端每 1℃ 温差的热电势输出可近似取 $0.043mV/℃$。因此测得反映温差 $t-t_f$ 的热电势 $E(t, t_f)$，单位为 mV，即可求：

$$t - t_f = \frac{E(t, t_f)}{0.043}$$

3. 流过金属片的电流 I

标准电阻为 150A/75mV，所以测得标准电阻上每 1mV 电压降等于 2A 电流流过，即

$$I = 2U_1$$

式中　U_1——标准电阻两端的电压降，mV。

4. 金属片两端的电压降 U

$$U = TU_2 10^{-3}$$

式中　T——分压箱倍率 $T=201$；

　　　U_2——经分压箱后测得的电压降，mV。

5. 空气掠过平板的速度 v

由毕托管测空气流动压头 Δh，单位为 mmHg，可按下式计算：

$$v = \sqrt{\frac{2 \times 9.81}{\rho} \Delta h}$$

式中　ρ——空气密度，kg/m^3；

　　　v——空气掠过平板的速度，m/s。

6. 局部对流换热表面传热系数 h_φ

假设：①电热功率均布在整个表面；②不计圆筒片面对外界辐射散热的影响；③忽略圆筒片纵向导热的影响。局部对流换热表面传热系数 h_φ 计算公式：

$$h_\varphi = \frac{UI}{lb(t - t_f)}$$

7. 努谢尔特数 Nu_φ 与雷诺数 Re

$$Nu_\varphi = \frac{h_\varphi d}{\lambda}$$

$$Re = \frac{vd}{\nu}$$

定型尺寸用圆柱外径 d，定性温度取 $\frac{t+t_f}{2}$，平均壁温 $\bar{t} = \frac{t_{max}+t_{min}}{2}$，用来流速度 v 计算 Re 值。

5.11.3 实验装置

实验装置是由一风源和试验段构成，如图 5-43 所示为实验段的简图。

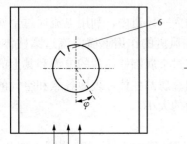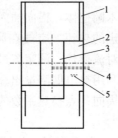

图 5-43　实验段简图

1—风道；2—圆柱体；3—不锈钢片；
4—热电偶；5—测压孔；6—电源导板

有机玻璃风道 1 中间横置一可旋转的胶木圆柱体 2，其中段周围包覆一层不锈钢片 3，片内表面设置了铜-康铜热电偶 4，在热电偶所处位置的同一母线处的圆柱体上开有一小孔 5，不锈钢片两端与电源导板 6 连接。

如图 5-44 所示为该实验装置及测试系统原理图。风源为一箱式风洞，似一工作台，风机、稳压箱、收缩口都设置在箱体入口，入口处有一调节风门，风箱中央为空气出口，形成一有均匀流速的空气射流，试验段的风道 3 即放置在风口上。

圆柱体上的不锈钢片由硅整流电源 5 供给低压直流大电流，直接通电加热。电路中串联一标准电阻 12，用电位差计 11 经转换开关 10 测量 4 上的电压降，然后确定流过不锈钢片的电流量，不锈钢片两端的电压降亦用电位差计测量，由于受量程限制，测压电路中接入一分压箱 9。

为了简化测量系统，测量片壁温 t 的热电偶，其参考点温度不用摄氏零度，而用空气流的温度 t_f，即热电偶的热端 13 设在片内的表面，而端 14 则放在空气流中，所以热电偶反映的为片温度（壁温）与空气温度之差 $t-t_f$ 的热电势 $E(t, t_f)$，亦经过转换开关，用同一台电位差计计量。

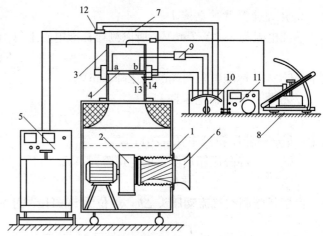

图 5-44　测定空气横掠圆柱体时局部换热系数的
实验装置及测量系统原理图

1—风箱；2—风机；3—有机玻璃风道试验段；4—不锈钢管；5—硅整流电源；6—风机入口；7—毕托管；8—微压计；9—分压箱；10—转换开关；11—电位差计；12—标准电阻；13—试验管内热电偶；14—测量空气温度的热电偶

空气流沿圆柱表面的压力由一倾斜式微压计 8 测量，空气来流速度由毕托管 7 也通过倾斜微压计测量。

将圆柱体旋转到不同角的位置，就可测出不同角度处柱表面的温度和空气压力。

圆柱形试件：直径 $d=48\times10^{-3}$m；不锈钢片厚度 $\delta=1\times10^{-4}$m；不锈钢片宽 $b=40\times10^{-3}$m；不锈钢片总长 $L=0.147$m。

5.11.4　实验内容与操作步骤

（1）打开风机调节风门在适当的位置，旋转圆柱体，使测点温度和测压孔处在来流前驻点位置。

（2）将整流电源电压调节旋钮转至输出电压零位，然后接通电源，并逐步提高输出电压，对不锈钢片缓慢加热，为保证不至于损坏零件，又能达到足够的测量温度，不锈钢片表面温度大约控制在 80℃ 以下，为此可用手不断抚摸不锈钢表面，然后逐步提高工作电压，至手无法再忍受为止。

（3）待热稳定后开始测量，从前驻点（$\phi=0$）到后驻点（$\phi=180°$）每隔 5° 作为一测量点，用电位差计测出各点位置的温度电势值 $E(t, t_f)$，用微压计测量出相应的气流沿表面压力 p_j，每旋转一角度需待稳定后再测量，测量可沿圆柱一半进行，但作为对称性检验可待一半测量完毕后，对另一半选几点复测，测量过程中加热电流和电压变动较小，可选测几组数据。

5.12　热 边 界 层 演 示 实 验

5.12.1　实验目的

热边界层是流体流过壁面时，靠近壁面附近温度变化的薄层。通过本实验加深对热边界层概念的理解，掌握热边界层和流动边界层的流动特性和换热特性，了解观察热边界层的实验方法和手段。

5.12.2　实验原理

此实验是根据光的折射原理设计的。如图 5-45 所示，点光灯泡的光线从离模型以很小的入射角射入边界层，如果光线不偏折，它应投射到 O 点，但现在由于高温空气折射率不同，光线产生偏折，出射角 r 大于入射角。射出光线离开边界层时再产生一些偏折后投射到 a 点，在 a 点上原来已经有背景的投射光，加上偏折的折射光后就显得特别明亮，各无数亮点组成图形，就反映了边界层的形式。此外，原投射位置 b 点，因为得不到投射光线，所以显得较暗，形成暗区，这个暗区也是边界层折射现象引起的，因此也代表边界层的形状。

仪器可以清楚地表现出流体经圆柱体的层流边界形象。圆柱体底部由于动压的影响，边界层最薄，愈上部厚度愈厚，最后产生边界层分离，形成旋涡。此外，折射现象的出现是高温现象所引起的，这点也就证明边界层是不流动的，边界层的厚度随流速的增加而减薄。

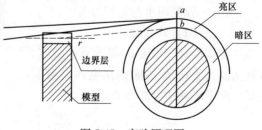

图 5-45　实验原理图

5.12.3 实验装置

实验装置主要由光源、屏幕和模型组成。热模型用铜制外壳，内装瓷芯和电阻丝，模型

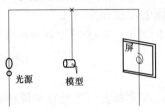

图 5-46 热边界层演示
实验装置示意图

要达到一定温度才能产生折光现象，使用时要先通电加热约半小时，然后才开灯观看。热边界层演示实验装置示意图如图 5-46 所示。

5.12.4 实验内容和实验步骤

通电加热模型半小时后，打开光源，此时流体经圆柱体形成的流动边界和热边界层可在屏幕上投影，若对模型吹气，可观察到迎风一侧边界层厚度减薄。

5.13 大容器内水沸腾换热实验

5.13.1 实验目的

通过本实验观察水在大容器内沸腾换热的现象，建立水泡状沸腾的感性认识，了解测定大容器内沸腾换热表面传热系数的方法和实验仪器，绘制大容器内水泡状沸腾区的沸腾曲线。将实验结果与逻逊瑙整理推荐的泡态沸腾热负荷 q 与温度 Δt 的关系式进行比较，分析讨论系数 c_{sf} 变化带来的影响。

5.13.2 实验原理

大容器内水沸腾换热现象可在如图 5-47 所示的容器中进行。试件 1 为不锈钢壁管，其两端通过电极管 3 引入低压直流大电流加热不锈钢管。热源管放在盛有蒸馏水的玻璃容器 4 中，在饱和温度下，调节电极管的电压，可改变热源管表面的热负荷，观察到汽泡的形成扩大、跃离过程，以及泡状核心随着热源管热负荷提高而增加的现象。

大容器饱和水沸腾换热表面传热系数可利用如下公式计算：

$$Q = Fh(t_2 - t_s)$$

$$h = \frac{Q}{F\Delta t} \tag{5-69}$$

式中 h——大容器沸腾换热表面传热系
      数，W/(m·k)；

Q——电流流过热源管，在工作段
      ab 间的发热量 Q，W；

F——工作段 ab 间的表面积，m^2；

t_1——容器内水的饱和温度 t_s，℃；

t_2——铜管外温度，℃。

其中试件外壁温度 t_2 很难直接测定，可利用插入管内的铜-康铜热电偶 2 测量出管内温度再利用下式计算出 t_2。

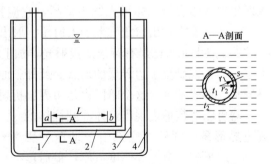

图 5-47 大容器内水沸腾放热试件本体
1—不锈钢管试件；2—热电偶；3—电极管；4—玻璃容器

$$t_2 = t_1 - \frac{Q}{4\pi\lambda L}\left(1 - \frac{2r_1^2}{r_2^2 - r_1^2}\ln\frac{r_2}{r_1}\right) = t_1 - \xi Q$$

$$\xi = \frac{1}{4\pi\lambda L}\left(1 - \frac{2r_1^2}{r_2^2 - r_1^2}\ln\frac{r_2}{r_1}\right)$$

式中 λ——不锈钢管导热系数 $\lambda = 16.3\text{W}/(\text{m}\cdot\text{℃})$；

       Q——工作段 ab 间的发热量，W；

       L——工作段 ab 间的长度，m；

       ξ——计算系数，℃/W。

5.13.3 实验装置

大容器内水沸腾放热实验装置简图如图 5-48 所示。主要由试件本体、硅整流器、标准电阻、分压箱、转换开关、电位差计、冷却管、辅助加热管组成。

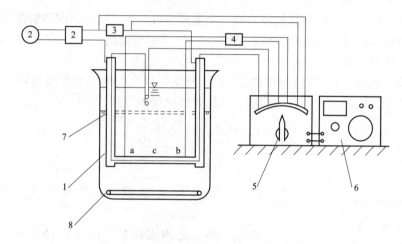

图 5-48 大容器内水沸腾换热试验装置简图

1—试件本体；2—硅整流器；3—标准电阻；4—分压箱；5—转换开关；6—电位差计；7—冷却管；8—辅助加热管

其中热源管两端的直流低压由硅整流器 2 供给，通过调节硅整流器的电压来改变钢管两端的电压及流过的电流，测定标准电阻 3 两端的电压降可确定流过钢管 1 的工作电流。本试验台中为方便起见，省略了冰瓶，测量管内壁温度的热电偶的参考点温度不是摄氏零度，而是容器内水的饱和温度 t_s，即其热端放在热源管内，冷端则放在蒸馏水中，所以热电偶反映的是管内壁温度与容器内水温之差的热电势输出 $E(t_1 - t_2)$，容器内水温 t_s 用水银温度计测量。

5.13.4 实验内容及步骤

（1）按图 5-49 所示将试验装置测量线路接好，使玻璃容器内充蒸馏水至 4/5 高度，调整电位差计，使其处于工作状态。

（2）启动硅整流器，逐渐加大工作电压，观察大容器内水沸腾的基本现象。呈现如下几个阶段。

1）在钢管的某些固定点上逐渐形成气泡，并不断扩大，达到一定大小后，汽泡跃离管壁，渐渐上升，最后离开水面，产生汽泡的固定点称为汽化核心，汽泡跃离后，又有新的汽泡在汽化核心产生，如此再而复始，有一定的周期。

2）随热源管工作电流增加，热负荷加大，管壁上汽化核心的数目增加，汽泡跃离的频率也相应加大。

3）如热负荷增大至一定程度后，所产生的汽泡就会在管壁面逐渐形成连续的汽膜，由泡态沸腾向膜态沸腾过渡，此时壁温会迅速升高，以至将钢管烧毁（本试验工作电流在 $30\sim100A$ ）。

（3）测量热源管 ab 间的电压降、温度 t_2，并利用公式计算沸腾换热系数。试验结束前应将硅整流器旋至零值，然后切断电源。必要时可调换不同直径的不锈钢管，进行上述试验。

5.14　真空法测量固体表面黑度

5.14.1　实验目的

固体表面黑度是表示物体辐射能力的一个主要参数，通过实验巩固辐射换热理论，掌握测量固体表面黑度的基本原理和方法，画出 $\varepsilon_1 = f(T)$ 的曲线。

5.14.2　实验原理

当一物体放在另一物体的空腔内如图 5-49 所示，且空腔内不存在吸收热辐射的界质时（如空气），彼此以辐射方式进行热交换，其辐射换热量由下列计算：

$$Q_{12} = \frac{C_0 F_1 \left[\left(\frac{T_1}{100}\right)^4 - \left(\frac{T_2}{100}\right)^4 \right]}{\frac{1}{\varepsilon_1} + \frac{F_1}{F_2} \cdot \left(\frac{1}{\varepsilon_2} - 1\right)} \tag{5-70}$$

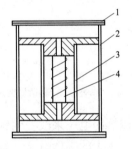

图 5-49　真空法测量固体表面黑度原理图
1—密封法兰；2—外壳；
3—试件；4—加热器

式中　F_1——试件外表面积，试件外径为 $\phi38mm$，管长 290mm，m^2；

F_2——外壳之内表面积，内壳内径为 $\phi100mm$，管长 290mm，m^2；

C_0——绝对黑度的辐射系数 $C_0 = 5.67W/m^2 \cdot K^4$；

T_1、T_2——试件外表面和外壳内表面的绝对温度，K；

ε_1、ε_2——试件和外壳的黑度。

当 F_1、F_2 为已知，由实验测得 Q_{12}、T_1、T_2 分别借助于固定在试件外表面和外壳内表面之镍铬-考铜热电偶通过电位差计测得，由测得热电势查出对应的温度值，即为被测表面的实际温度，本实验装置的外壳内表面涂有炭黑，取 $\varepsilon_2 = 0.96$，根据式(5-69)内包物体表面黑度 ε_1 可由下式算出：

$$\varepsilon_1 = \frac{1}{\dfrac{C_0 \left[\left(\frac{T_1}{100}\right)^4 - \left(\frac{T_2}{100}\right)^4 \right] F_1}{Q_{12}} - \dfrac{F_1}{F_2}\left(\dfrac{1}{\varepsilon_2} - 1\right)} \tag{5-71}$$

5.14.3　实验装置

本实验包括加热系统、真空系统、测温系统和循环水系统。主要设备有实验本体、电加热器、真空泵、循环水泵、水箱及有关仪器和仪表。实验系统如图 5-50 所示。

5.14.4　实验内容与步骤

（1）将水箱内注满净水，冷暖瓶内注入适量冰水混合物，并将热电偶丝浸在其中。打开真空保持阀、开启真空泵，使系统中形成真空。开启冷却水泵使本体与水箱之间形成强制水循环，调节流量调节阀控制阀，使本体内的水位由在水浸过本体外壳上法兰盘 5～10mm 为宜。加热器电流控制在 4～6A，不超过 6.5A。

（2）待系统稳定后，记录试件外表面、外壳内表面温度，水温及电流和电压值。

（3）根据上述公式计算出物体表面黑度。

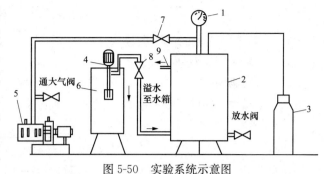

图 5-50　实验系统示意图

1—真空表；2—本体；3—保暖瓶；4—水泵；5—真空泵；
6—水箱；7—真空保持阀；8—流量调节网；9—溢水管

5.15　中温辐射时物体黑度的测定

5.15.1　实验目的

固体表面黑度是表示物体辐射能力的一个主要参数，通过实验巩固辐射换热理论，掌握测量固体表面的黑度的基本原理和方法，画出 $\varepsilon_1 = f(T)$ 的曲线。

5.15.2　实验原理

根据辐射换热理论，由 n 个物体组成的辐射换热系统中，利用净辐射法，可以求物体 i 的纯换热量 $Q_{net,i}$

$$Q_{net,i} = Q_{abs,i} - Q_{e,i} = \alpha_i \sum_{k=1}^{n} \int_{F_k} E_{eff,k} X_{i(dk)} dF_k - \varepsilon_i E_{b,i} F_i \qquad (5-72)$$

式中　$Q_{net,i}$——i 面的净辐射换热量，W；

$\qquad Q_{abs,i}$——i 面从其他表面的吸热量，W；

$\qquad Q_{e,i}$——i 面本身的辐射热量，W；

$\qquad \varepsilon_i$——i 面的黑度；

$\qquad X_{i(dk)}$——k 面对 i 面的角系数；

$\qquad E_{eff,k}$——k 面有效的辐射力，W/m^2；

$\qquad E_{b,i}$——i面的辐射力，W/m^2；

$\qquad \alpha_i$——i 面的吸收率；

$\qquad F_i$——i 面的面积，m^2。

辐射换热示意图如图 5-51 所示。根据本实验的设备情况，可以认为传导圆筒 2 为黑体，热源、传导圆筒和待测物体（受体）表面上的温度均匀。

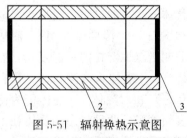

图 5-51　辐射换热示意图

1—热源；2—传导圆筒；3—待测物体

因此，式（5-72）可写成：

$$Q_{net,3} = \alpha_3(E_{b,1} F_1 X_{1,3} + E_{b,2} F_2 X_{2,3}) - \varepsilon_3 E_{b,3} F_3$$

因为 $F_1 = F_3$；$\alpha_3 = \varepsilon_3$；$X_{3,2} = X_{1,2}$ 又根据角系数的互换性 $F_2 X_{2,3} = F_3 X_{3,2}$，则：

$$q_3 = Q_{net,3}/F_3 = \varepsilon_3(E_{b,1} X_{1,3} + E_{b,2} X_{1,2}) - \varepsilon_3 E_{b,3}$$
$$= \varepsilon_3(E_{b,1} X_{1,3} + E_{b,2} X_{1,2} - E_{b,3}) \qquad (5-73)$$

由于待测物体 3 与环境主要以自然对流换热，因此：

$$q_3 = h(t_3 - t_f) \tag{5-74}$$

式中　h——对流换热表面传热系数；

　　　t_3——待测物体（受体）温度，℃；

　　　t_f——环境温度，℃。

由式（5-73）、式（5-74）得：

$$\varepsilon_3 = \frac{h(t_3 - t_f)}{E_{b1} X_{1,3} + E_{b2} X_{1,2} - E_{b3}} \tag{5-75}$$

当热源 1 和黑体圆筒 2 的表面温度一致时，$E_{b1} = E_{b2}$，并考虑到体系 1、2、3 为封闭系统，则：

$$X_{1,3} + X_{1,2} = 1$$

由此，式（5-75）可写成：

$$\varepsilon_3 = \frac{h(t_3 - t_f)}{E_{b1} - E_{b3}} = \frac{h(t_3 - t_f)}{\sigma(T_1^4 - T_3^4)} \tag{5-76}$$

式中　σ——斯忒藩-玻尔茨曼常数，其值为 $5.67 \times 10^{-8} \mathrm{w/m^2 \cdot k^4}$。

对不同待测物体（受体）a，b 的黑度 ε 为

$$\varepsilon_a = \frac{h_a(t_{3a} - t_f)}{\sigma(T_{1a}^4 - T_{3a}^4)}$$

$$\varepsilon_b = \frac{h_b(t_{3b} - t_f)}{\sigma(T_{1b}^4 - T_{3b}^4)}$$

设 $h_a = h_b$，则：

$$\frac{\varepsilon_a}{\varepsilon_b} = \frac{t_{3a} - t_f}{t_3 b - t_f} \cdot \frac{T_{1b}^4 - T_{3a}^4}{T_{1a}^4 - T_{3a}^4} \tag{5-77}$$

当 b 为黑体时，$\varepsilon_b \approx 1$，式（5-77）可写成：

$$\varepsilon_a = \frac{t_{3a} - t_f}{t_{3b} - t_f} \cdot \frac{T_{1b}^4 - T_{3b}^4}{T_{1a}^4 - T_{3a}^4} \tag{5-78}$$

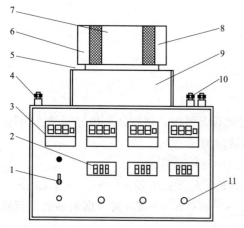

图 5-52　中温辐射时物体黑度的测试实验装置简图
1—电源开关；2—热源及传导圆筒电压表；3—数显温度计控制仪；4—接线柱；5—导轨；6—受体；7—传导体；8—热源；9—导轨支架；10—接线柱；11—调压旋钮

5.15.3　实验装置

中温辐射时物体黑度的测试实验装置简图如图 5-52 所示。热源腔体具有 1 个测温电偶，传导腔体有 2 个热电偶，受体有 1 个热电偶。

5.15.4　实验内容与步骤

本实验仪器用比较法定性地测定物体表面的黑度，具体方法是通过对 3 组加热器电压的调整（热源 1 组，传导体 2 组），使热源和传导体的测量点恒定在同一温度上，然后分别将"待测"（受体为待测物体，具有原来的表面状态）和"黑体"（受体仍为待测物体，但表面薰黑）两种状态的受体在恒温条件下，测出受到辐射后的温度，就可按

公式计算出待测物体的黑度。具体步骤如下：

（1）装上受体腔体，并使热源腔体和受体腔体（使用具有原来表面状态的物体作为受体）靠紧传导体。

（2）接通电源开关，调整热源、传导左、传导右的调温旋钮，使热源温度恒定在 70～150℃范围内某一温度，受热约 40min，并根据测得的温度微调相应的电压旋钮，使 3 点温度尽量一致。

（3）系统进入恒温后，（受体温度在 1min 内温度波动小于 0.3℃），开始记录受体、热源、传导体的温度，每隔一分钟记录，连续记录三组温度数据。

（4）取下受体，将受体（黑体）装上，然后重复以上实验，测得第 2 次的温度测量数据。

5.16　角系数的测定

5.16.1　实验目的

通过实验，使学生掌握用角系数测量仪测量微元表面对有限表面的角系数；理解角系数的物理意义，了解角系数的测量方法，并分析实测值与理论计算值偏差的原因；掌握角系数测量仪（机械积分仪）的原理及操作使用方法。

5.16.2　实验原理

角系数 X_{dA1-A2} 表示微元漫射表面 dA_1 发射的辐射能到达有限表面 A_2 的份额，是辐射换热计算中的重要几何参数。其计算式为

$$X_{dA1-A2} = \int_{A_2} \frac{\cos\theta_1 \cos\theta_2}{\pi r^2} dA_2 = \int_{A_s} \frac{\cos\theta_1}{\pi r^2} dA_S = \int_{A_{sp}} \frac{dA_{sp}}{\pi r^2} = \frac{A_{sp}}{\pi R^2} \tag{5-79}$$

因此如果要求微元漫射表面 dA_1 到有限表面 A_2 的角系数，就可以 dA_1 为球心作一半径为 R 的球表面，然后从球心沿 A_2 的轮廓线扫描，则在球壳上切割出表面 A_s，其在中心圆面上的投影面为 A_{sp}。面积 A_{sp} 和中心圆面积 πR^2 比值即为微元表面 dA_1 到有限表面 A_2 的角系数，如图 5-53 所示。

这种方法又称为"单位球法"或"图解法"。

5.16.3　实验装置

SM—1 型角系数测量仪是根据图解法原理测量微元表面到有限表面角系数的机械积分仪，它的基本结构如图 5-54 所示。

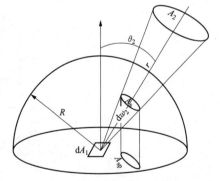

图 5-53　单位球体法示意图

立杆 1 垂直于带有方格纸的平面 MN 于 B 点，并可绕垂直轴旋转。滑杆 2 通过两根长度为 R 的平行连杆 3 和 4 保持与平面 MN 则垂直。上平行连杆 3 也作为镜筒，可以用来扫描目标的轮廓线。扫描过程中 A 点即为假想的球心。C 点的轨迹总是在以 A 点为球心，R 为半径的球面上。而滑杆底部的记录笔 5 就在底面上画出面积 Asp，$Asp/\pi R^2$ 即为角系数 X_{dA1-A2}。

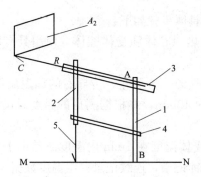

图 5-54 SM－1 型角系数测量仪的基本结构
1—立杆；2—滑杆；3—连杆；4—下连杆；5—记录笔

5.16.4　实验内容和实验步骤

（1）将 SM－1 型角系数测量仪按定位环定位，并水平放置在底板上。

（2）通过镜筒仔细瞄准被测表面 A_2 的轮廓线，使记录笔在底面方格纸上画出封闭图形 A_{sp}。

（3）计算方格纸上图形 A_{sp} 的面积。

（4）量出镜筒长度 AC，即半径 R，比值 $A_{sp}/(\pi R^2)$ 即为角系数 X_{dA1-A2}。

（5）对每—种图形测量 5 次，求平均值及方差。

（6）测量被测表面的几何尺寸及相对于仪器的位置，按理论公式计算角系数，并与实测值相比较。理论公式及其附图如图 5-55 所示：

$$X_{dA1-A2} = \frac{\arctan Y^{-1} - Y(X^2 + Y^2)^{-1/2}}{2\pi}$$

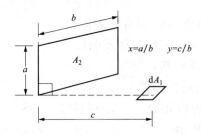

图 5-55　实验理论公式及其附图

第6章 热工理论基础创新性实验

6.1 复合建筑材料制备及其导热性能测试实验

6.1.1 实验目的

导热系数是物体的物性参数之一。通过本实验可加深对导热系数物理概念的理解，了解测量仪器和设备的结构和使用方法，掌握测量导热系数的原理和方法，通过实验得出导热系数与温度之间的关系曲线。

6.1.2 实验原理

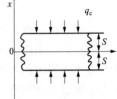

图 6-1 实验原理示意图

本实验是根据无限大平板导热的第二类边界条件来设计的。平板厚度为 2δ，初始温度为 t_0，平板两面受恒定的热流密度 q_c 均匀加热，实验原理示意图如图 6-1 所示。

根据导热微分方程式、初始条件和第二类边界条件，对于任一瞬间沿平板厚度方向的温度分布 $t(x, \tau)$ 可由下面方程组解得。

$$\begin{cases} \dfrac{\partial t(x,\tau)}{\partial \tau} = a\,\dfrac{\partial^2 t(x,\tau)}{\partial x^2} \\[2mm] t(x,0) = t_0 \\[2mm] \dfrac{\partial t(\delta,\tau)}{\partial x} + \dfrac{q_c}{\lambda} = 0 \\[2mm] \dfrac{\partial t(0,\tau)}{\partial x} = 0 \end{cases} \tag{6-1}$$

式（6-1）方程组的解为

$$t(x,\tau) - t_0 = \frac{q_c}{\lambda}\left[\frac{a\tau}{\delta} - \frac{\delta^2 - 3x^2}{6\delta} + \delta\sum_{n=1}^{\infty}(-1)^{n+1}\frac{2}{\mu_n^2}\cos\left(\mu_n\frac{x}{\delta}\right)\exp(-\mu_n^2 F_0)\right] \tag{6-2}$$

$$F_0 = \frac{a\tau}{\delta^2} \quad \mu_n = \beta_n\delta \ (n = 1,2,3\cdots)$$

式中　τ——时间，s；

λ——平板的导热系数，W/(m·k)；

a——平板的导温系数，$\mathrm{m^2/s}$；

t_0——初始温度，℃；

q_c——沿 x 方向从端面向平板加热的恒定热流密度，$\mathrm{W/m^2}$。

随着时间 τ 的延长，F_0 数变大，式（6-3）中级数和项愈小。当 $F_0 > 0.5$ 时，级数和项变得很小，可以忽略，式（6-2）变成：

$$t(x,\tau) - t_0 = \frac{q_c\delta}{\lambda}\left(\frac{a\tau}{\delta^2} + \frac{x^2}{2\delta^2} - \frac{1}{6}\right) \tag{6-3}$$

由此可见，当 $F_0 > 0.5$ 后，平板各处温度和时间成线性关系，温度随时间变化的速率是常数，并且到处相同。这种状态即为准稳态。

在准稳态时，平板中心面 $x=0$ 处的温度为

$$t(0,\tau) - t_0 = \frac{q_c\delta}{\lambda}\left(\frac{a\tau}{\delta^2} - \frac{1}{6}\right)$$

平板加热面 $x=\delta$ 处的为温度

$$t(\delta,\tau) - t_0 = \frac{q_c\delta}{\lambda}\left(\frac{a\tau}{\delta^2} + \frac{1}{3}\right)$$

此两面的温差为

$$\Delta t = t(\delta,\tau) - t(0,\tau) = \frac{1}{2}\frac{q_c\delta}{\lambda} \tag{6-4}$$

已知 q_c 和 δ，再测出 Δt，就可以由式（6-4）求出导热系数：

$$\lambda = \frac{q_c\delta}{2\Delta t} \tag{6-5}$$

实际上，无限大平板是无法实现的，实验总是用有限尺寸的试件，一般可认为，试件的横向尺寸为厚度的 6 倍以上时，两侧散热对试件中心的温度影响可以忽略不计。试件两端面中心处的温差就等于无限大平板时两端面的温差。

根据热平衡原理，在准稳态时，有：

$$q_c F = c\rho\delta F \frac{\mathrm{d}t}{\mathrm{d}\tau}$$

式中 F——试件的横截面积，m^2；

c——试件的比热容，J/（kg·K）；

ρ——试件密度，kg/m^3；

$\frac{\mathrm{d}t}{\mathrm{d}\tau}$——准稳态时温升速率，℃/s。

则比热容为

$$c = \frac{q_c}{\rho\delta\frac{\mathrm{d}t}{\mathrm{d}\tau}} \tag{6-6}$$

实验时，$\frac{\mathrm{d}t}{\mathrm{d}\tau}$ 以试件中心处为准。

按定义，材料的导温系数可表示为

$$a = \frac{\lambda}{\rho c} = \frac{\delta\lambda}{q_c}\left(\frac{\delta t}{\Delta\tau}\right)_c = \frac{\delta^2}{2\Delta t}\left(\frac{\delta t}{\Delta\tau}\right)_c$$

综上所述，应用恒热流准稳态平板法测试材料热物性时，在一个实验上可同时测出材料的三个重要热物性：导热系数、比热容和导温系数。

6.1.3 实验装置

测量导热系数的实验设备系统图如图 6-2 所示。实验设备包括破碎机、搅拌机、烘干机、电子天平、SEI-3 型准稳态法热物性测定仪、计算机和实验控制软件。

SEI-3 型准稳态法热物性测定仪内实验本体由四块厚度均为 δ、面积均为 F 的被测试材重叠在一起组成。第一块与第二块试材之间一块薄型的片状电加热器，第三块和第四块试材之间也夹着一个相同的电加热器，在第二块与第三块试材交界面中心和一个电加热器中心各安置一对热电偶，这四块重叠在一起的试材顶面和底面各加上一块具有良好保温特性的绝热

层。电加热器用电由直流稳压电源提供，加热功率由计算机检测，两对热电偶所测量到的温度由计算机进行采集处理。

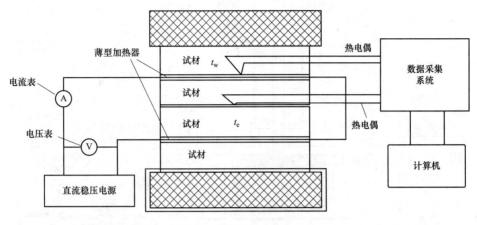

图 6-2 实验设备系统图

6.1.4 实验内容与步骤

实验材料可根据教师要求，自行制做实验试件。如保温材料，建筑墙体材料等。

6.2 磁场作用下 CO_2 跨临界特性试验

6.2.1 实验目的

在理解掌握 CO_2 跨临界特性测定方法的基础上，观察测定磁场作用下 CO_2 跨临界时的状态变化规律。观察在施加外场和不施加外场条件下的 CO_2 特性的新变化，从而发现新的科学现象。掌握磁场作用下工质临界状态的观测方法，获得 CO_2 临界状态在磁场下的各热力学参数的变化。

6.2.2 实验原理

对于真空气体，分子间引力的作用很弱，若把实验温度降到一定的程度后，将会出现液化现象，若对真空气体的 p、v、t 行为做一完整的测定就能进一步反应真空气体的液化过程及另一重要的物理性质——临界点。

对于理想气体 $p\text{-}v_m$ 图上的恒温线为"$pv_m = rt = 常数$"的曲线，不同温度只是对应的常数不同而已。然而，对于真空气体，恒温一般分为三种类型：既 $t > t_c$，$t = t_c$，$t < t_c$（t_c 为临界温度）。对于 CO_2 来说，分类的温度界限是 31.1℃。

对简单的可压缩系统，当工质处与平衡状态时，其状态分布函数 p，v 之间有 $f(p, v, t) = 0$，或 $t = f(p, v)$。而实际气体 CO_2 的状态方程已经比较复杂，猜想在外加磁场的作用其状态方程会更复杂。因此，本实验就是通过测定保持温度 t 不变、改变磁场大小和压力大小的特定条件下，拟合出磁场作用下 CO_2 的 p，v，t 之间状态方程，并将实测结果表示在坐标图上形成状态图等方法来研究 CO_2 的热力学特性。

6.2.3 实验的装置

整个实验装置由磁场发生系统、稳压系统、恒温系统和实验台本体及其防护罩等几部分组成，如图 6-3、图 6-4 所示。

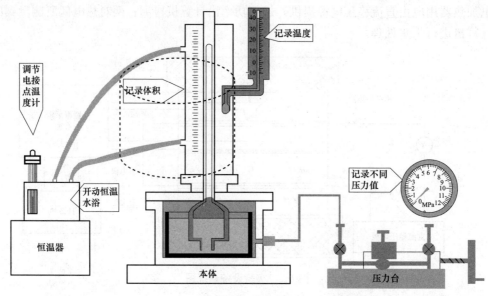

图 6-3　实验装置图

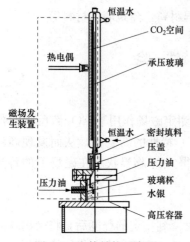

图 6-4　本体结构示意图

实验中，由压力台送来的压力由压力油进入高压容器和玻璃杯上半部，迫使水银进入预先装了 CO_2 气体的承压玻璃管内，CO_2 被压缩，其压力的大小可通过压力台上的活塞杆的进、退来调节。温度由恒温器供给的水套里的水温来调节。

实验工质 CO_2 的压力，由装在压力台上的压力表读出；温度由插在恒温水套中的温度计读出；比容首先由承压玻璃管内 CO_2 柱的高度来测量，而后再根据承压玻璃管内径均匀、截面不变等条件来换算得出。

实验中磁场大小的调节可通过调节稳压直流电源输出电压大小获得，由数显式特斯拉计读数读取磁场强度的数值。

6.2.4　实验内容及步骤

分别测定 CO_2 在有无磁场作用下的 p-v-t 关系。在 p-v 坐标系中绘出低于临界温度（$t=24℃$）、临界温度（$t=31.3℃$）和高于临界温度（$t=50℃$）的三条等温曲线，并进行对比分析 3 种工况下的相对应的三条曲线之间的差异。观测有无磁场下，CO_2 跨临界区域的状态变化差异。观察临界状态附近汽液两相模糊的现象及汽液整体相变现象。最后得到如下结果：①低于临界温度 $t=24℃$ 时的定温线；②临界温度时的定温线；③高于临界温度时的定温线。

具体步骤主要介绍如下：

（1）恒温器准备及温度调节。把水注入恒温器内，注至离盖 30～50mm。检查并接通电路，开动电动泵，使水循环对流。在温度控制器 AL808E 的控制面板上通过上下键设定好实验用的温度。此时控制面板上视水温情况开启或关闭加热器，当水温未达到要调定的温度时，恒温器指示灯是亮的，当指示灯时亮时灭闪动时，说明温度已达到所需要恒温。观察温控仪显示的温度即是承压玻璃管内的 CO_2 的温度。

（2）加压前的准备。因为压力台的油缸容量比容器容量小，需要多次从油杯里抽油，再向主容器充油，才能在压力表显示压力读数。压力台抽油、充油的操作过程非常重要，若操作失误，不但加不上压力，还会损坏试验设备。

（3）磁场的调节。本次实验采用的磁场是均匀永磁磁铁，通过两块高磁场强度（4000GS）的永磁磁铁平行布置来给 CO_2 施加磁场。磁场的大小通过两块磁铁的距离进行调节。本次实验采用了的磁场强度为 870GS、1600GS、1100GS、400GS、600GS。

6.3　超声波强化传热实验

换热器在运行一段时间后会在换热器表面形成水垢或污垢，从而降低了换热效率，增加了介质流动阻力，使用超声波可除垢并有强化传热的作用，目前此技术在工程中广泛采用。

所以超声波除垢及强化传热实验是传热学创新实验之一，实验中涉及温度、传热量、流量等基本量的测量，并且在实验中用到化学方面的基本知识。

6.3.1　实验目的

本实验的目的是增加学生对强化传热措施研究等方面的感性认识，促进理论联系实际，有利于培养其分析问题和解决问题的能力。实验中要求学生了解超声波强化传热和除垢的基本原理；熟悉本实验中流体温度、换热量的测量，间接测算出超声波除垢率的方法，掌握测量仪器的使用及实验系统运行方法，学会分析本实验所产生误差的原因及找出减小误差的可能途径。

6.3.2　实验原理

超声波的辐射能使被处理的液体介质产生空化效应、活化效应、剪切效应和抑制效应，从而使能结垢物质粉碎并悬浮于液体中，同时超声波的声空化场的热效应使流体温度升高，并增加了流体的扰动从而使传热效果增强。超声波的功率和频率对除垢及强化传热效果存在一定影响。

为了使流体快速结垢，在流体中加 $NaHCO_3$ 和 $CaCl_2$，本实验可分别在实验系统开始运行或运行一段时间后投入超声波作用，进行超声波除垢或抑垢实验，抑、除垢率由式（6-7）计算。

$$\psi = \frac{\eta_0 - \eta_u}{\eta_0} \qquad (6-7)$$

式中　ψ——抑、除垢率，%；

　　　η_0——无超声波作用时的平均积垢速率，$g \cdot m^2 \cdot h^{-1}$；

　　　η_u——有超声波作用时的平均积垢速率，$g \cdot m^2 \cdot h^{-1}$；

$$\eta = \frac{M_t - M_0}{A\tau}$$

式中　M_0——实验前实验管段的质量，g；

　　　M_t——实验后实验管段的质量，g；

　　　A——实验管段表面面积，m^2；

　　　τ——实验时间，s。

套管换热器传热系由式（6-8）计算

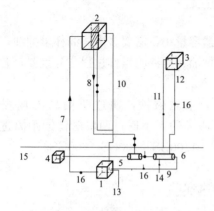

图 6-5　超声波除垢及强化传热实验系统

1—大水箱；2—高位热水箱；3—冷水箱；4—超声波发声器；5—超声波换能器；6—套管换热器；7—上升管；8—下降管；9—回水管；10—溢流管；11—小水箱上水管；12—小水箱下降管；13—排水管；14—套管换热器出水管；15—补水管；16—调节阀流体进出口安装了温度计。

6.3.4　实验内容及步骤

1. 实验内容

（1）无超声波时，实验管段表面传热系数测定、积垢速率的测定。

（2）施加超声波时，实验管段表面传热系数测定、积垢速率的测定。

（3）超声波功率的变化对实验管段表面传热系数和积垢速率的影响。

2. 实验系统与实验主要参数的范围

（1）超声波防除垢的功率选用 $100 \sim 600 \mathrm{W}$。

（2）水温范围为：热水温度范围为 $20 \sim 60 \,^{\circ}\!\mathrm{C}$，冷水温度范围 $15 \sim 30 \,^{\circ}\!\mathrm{C}$。

3. 实验步骤

本实验分两大部分完成，首先进行防除垢实验，然后再进行强化换热实验，且在第一大部分中均不加超声波做实验，其实验步骤如下：

（1）无超声波时的实验。

1）实验前用电子秤先称取实验段钢管的重量，记录数据后安装好设备。

2）打开水泵给高位水箱补水，打开电加热器加热，并打开阀门（选择在超声波换能器内顺流或逆流），形成一个回路。

3）标记好高位水箱和补水箱的水位，并依次加入 1000g $CaCl_2$ 先用水充分溶解、90g$NaHCO_3$（在 30min 内持续加入）。

4）持续运行并记录热水系统的实验数据，记录设备运行时间。

5）打开冷却水系统，并记录热水和冷水进出口温度和流量。

6）运行 24h 后，取下实验段并晾干水分，称取其重量。

$$K = \frac{\phi}{A \Delta t_{\mathrm{m}}} \tag{6-8}$$

$$\phi = q_{m1} c_1 (t'_1 - t''_2) = q_{m2} c_2 (t''_2 - t'_2) \tag{6-9}$$

式中　ϕ——换热量，W；

A——套管式换热器换热面积，$\mathrm{m^2}$；

Δt_{m}——套管换热器对数平均温压，$^{\circ}\!\mathrm{C}$；

q_{m1}，q_{m2}——冷热流体流量，$\mathrm{kg/s}$；

c_1，c_2——冷热流体比热容，$\mathrm{kJ/(kg \cdot K)}$；

t'_1，t''_1——热流体进出口温度，$^{\circ}\!\mathrm{C}$；

t'_2，t''_2——冷流体进出口温度，$^{\circ}\!\mathrm{C}$。

6.3.3　实验装置

超声波除垢及强化传热实验系统如图 6-5 所示，系统分为热水系统和冷水系统，套管换热系统如图 6-6 所示，本实验系统实验段为可拆装管段，调节阀后均安装了流量计，套管换热器冷热

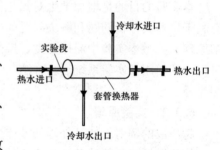

图 6-6　套管换热系统

（2）加超声波时的实验。

1）实验前用电子秤称取实验段钢管的重量，记录数据后安装好设备。

2）打开水泵给高位水箱补水，打开电加热器加热。并打开阀门（选择在超声波换能器内逆流），形成一个回路。

3）标记好高位水箱和补水箱的水位，并依次加入 1000g $CaCl_2$（先用水充分溶解）、90gNaHCO$_3$（在 30min 内持续加入）。

4）持续运行并记录热水系统的实验数据，记录设备运行时间。

5）打开冷却水系统，并记录热水和冷水进出口温度和流量。

6）经过 24h 运行后，取下实验段并晾干水分，称取其重量。

7）改变超声波发生器的功率和实验使用的无缝钢管，重复进行做上述实验。

通过上述实验后，利用式（6-7）和式（6-8）计算实验段的逸垢率和传热系数。

6.4　换热器换热性能的测试实验

换热器是用来使热量从热流体传递到冷流体，以满足规定的工艺要求的装置，它广泛应用于化工、石油化工、动力、医药、冶金、制冷、轻工等行业。换热器的种类繁多，若按其操作过程分类，可分为间壁式、混合式、蓄热式（回热式）三大类。在三类换热器中以间壁式换热器应用最广，因此本文主要针对间壁式换热器进行换热性能测试实验。

6.4.1　水-水换热器换热性能的测试实验

1. 实验目的

本实验是水-水换热器换热性能的测试实验，要求学生根据实验目标，给定的实验设备，对整个实验方案、实验过程等进行全部实验设计。通过本实验掌握水-水换热器性能的测试方法、换热器热工计算方法，熟悉流体流速、流量、差压、温度等参数的测量技术。测定并计算出换热器的总传热系数、对数平均传热温差和热平衡误差等，绘制出传热性能曲线。并就两种不同流动方式（顺流、逆流）在不同工况的传热情况下进行换热器换热性能的比较与分析。

2. 实验原理

在某一稳定工况下热水在换热管内流动，其放热量为

$$Q_h = q_{mh}c_{ph}(t_{h1} - t_{h2}) \tag{6-10}$$

冷水在换热器管外流过，吸收热量为

$$Q_c = q_{mc}c_{pc}(t_{c1} - t_{c2}) \tag{6-11}$$

以 Q_h 和 Q_c 的平均值作为换热器的换热量，即：

$$Q = (Q_h + Q_c)/2 \tag{6-12}$$

换热器的热平衡误差为

$$\delta = \frac{Q_h - Q_c}{Q} \times 100\% \tag{6-13}$$

误差 $\delta < 10\%$，认为数据有效。

传热系数为

$$K = \frac{Q}{A \cdot \Delta t_m} \tag{6-14}$$

式（6-10）～式（6-14）中　t_{h1}、t_{h2}——热水进、出口温度，℃；

t_{c1}、t_{c2}——冷水进、出口温度，℃；

q_{mh}、q_{mc}——热水和冷水的质量流量，kg/s；

c_{ph}、c_{pc}——热水和冷水的比热容，J/(kg·℃)；

A——换热总面积，m^2。

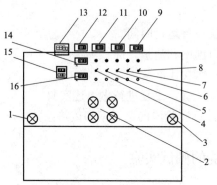

图 6-7　实验装置面板控制显示简图

1—热水流量调节阀；2—冷水顺逆流调节阀门组；
3—冷水流量调节阀；4—热水泵开关；5—冷水泵开关；
6—A 加热开关；7—B 加热开关；8—C 加热开关；
9—C 加热电流；10—B 加热电压；11—A 加热电流；
12—加热电压；13—8 路万能信号巡检仪；14—热水涡轮流
量显示 m^3/h；15—加热温度控制仪；
16—冷水涡轮流量显示 m^3/h

换热器工作时，冷热水流速及水温的变化对传热系数 K 都有影响。实验时，控制阀门开度维持稳定的热水流量，由温控器保持稳定的热水温度，然后多次改变冷水流量进行试验，可得到某热水温度、某热水流量下传热系数随冷水流量的变化规律。

3. 实验装置

实验设备装置由电加热器、热水泵、涡轮式流量计、电气式压力计、铜电阻温度计、换热器、冷水泵、冷热水箱、冷热水流量调节阀、顺逆流转换阀门组、数显温度计、温度调节控制器、开关组等组成。实验装置面板控制显示简图如图 6-7 所示。

本实验装置采用冷水可用阀门换向进行顺逆流实验，工作原理如图 6-8 所示。换热形式为热水-冷水换热。

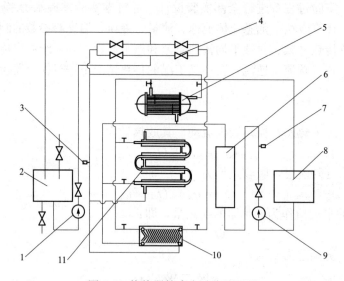

图 6-8　换热器综合实验台原理图

1—冷水泵；2—冷水箱；3—冷水涡轮流量计；4—冷水顺逆流换向阀门组；5—列管式换热器；6—电加热器；
7—热水涡轮流量计；8—回水箱；9—热水泵；10—板式换热器；11—套管式换热器

本实验台的热水加热采用电加热方式，冷-热水的进出口温度采用数显温度计，手动可以通过琴键开关来切换测点，计算机采集采用巡检仪。

实验台参数：

（1）换热器换热面积（F）。

1）套管式换热器：0.45m²。

2）板式换热器：0.11m²。

3）列管式换热器：1.05m²。

（2）电加热器总功率：9.0kW。

（3）冷、热水泵。

1）允许工作温度：<80℃。

2）额定流量：3m³/h。

3）扬程：12m。

4）电机电压：220V。

5）电机功率：370W。

计算机采集流量采用涡轮式流量计，变送器采用差压传感器，巡检仪采集信号。

4. 实验内容与步骤

（1）实验方案的制定。根据实验目的进行实验方案设计，包括实验思路、实验工况点的选择、热水进口温度大小选取、冷热水流量大小选择。

（2）实验操作：接通可控硅温控装置电源，开启温控装置，设定热水的加热温度；开启回水阀，开启水泵，改变调节阀开度调节水流量；开启冷水阀；待水温到达设定温度并稳定5min后，读取有关数据；逐次减小冷水阀的开度改变实验工况，每改变一次工况稳定5min后再读数据。最后获得冷热水进出口温度、冷热水流量。

（3）实验数据处理。根据实验工作原理、实验数据及其计算处理公式，计算出换热器的总传热系数，对数平均传热温差和热平衡误差等，绘制出传热性能曲线。并就两种不同流动方式（顺流、逆流）在不同工况的传热情况下进行换热器换热性能的比较与分析。

6.4.2　空气-水换热器换热性能的测试实验

1. 实验目的

本实验是空气-水换热器换热性能的测试实验，要求学生根据实验目标，给定的实验设备，对整个实验方案、实验过程等进行全部实验设计。通过本实验掌握空气-水换热器性能的测试方法、换热器热工计算方法，熟悉流体流速、流量、差压、温度等参数的测量技术。测定并计算出换热器的总传热系数、对数平均传热温差和热平衡误差等，绘制出传热性能曲线。并就两种不同流动方式（顺流、逆流）在不同工况的传热情况下进行换热器换热性能的比较与分析。

2. 实验原理

在某一稳定工况下热水在换热管内流动，其放热量为

$$Q_w = q_{mw} c_{pw} (t_{w1} - t_{w2}) \tag{6-15}$$

空气在换热器管外流过，吸收热量为

$$Q_a = q_{ma} c_{pa} (t_{a1} - t_{a2}) \tag{6-16}$$

以 Q_w 和 Q_a 的平均值作为换热器的换热量，即：

$$Q = (Q_w + Q_a)/2 \tag{6-17}$$

换热器的热平衡误差为

$$\delta = \frac{Q_w - Q_a}{Q} \times 100\% \tag{6-18}$$

误差 $\delta < 10\%$，认为数据有效。

传热系数为

$$K = \frac{Q}{A \cdot \Delta t_m} \tag{6-19}$$

式（6-15）～式（6-19）中　t_{w1}、t_{w2}——水进、出口温度，℃；

$\quad\quad\quad\quad\quad\quad\quad\quad\quad$ t_{a1}、t_{a2}——空气进、出口温度，℃；

$\quad\quad\quad\quad\quad\quad\quad\quad\quad$ q_{mw}、q_{ma}——水和空气的质量流量，kg/s；

$\quad\quad\quad\quad\quad\quad\quad\quad\quad$ c_{pw}、c_{pa}——水和空气的比热容，J/(kg·℃)；

$\quad\quad\quad\quad\quad\quad\quad\quad\quad$ A——气侧换热总面积，m^2；

$\quad\quad\quad\quad\quad\quad\quad\quad\quad$ Δt_m——平均温差，℃。

换热器工作时，空气流速、水速及水温的变化对传热系数 K 都有影响。实验时，控制阀门开度维持稳定的水流量，由温控器保持稳定的水温，然后多次改变空气流量进行试验，可得到某水温、某水流量下传热系数随空气流量的变化规律。

3. 实验装置

空气-水换热器实验装置如图 6-9、图 6-10 所示，由水箱、电加热器、循环水泵、热水流量测量仪、热水温度控制调节阀、压差测量、阀门、表冷器、风管、整流栅、热电偶测温装置、空气流量测量、空气阻力测量、风量调节盘、引风机等组成。换热器型式有翅片管、光管两种，有顺流、逆流两种流动方式、布置方式有顺排、叉排两种。

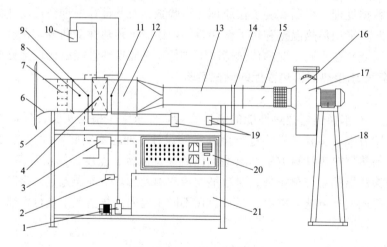

图 6-9　实验装置示意图

1—循环水泵；2—转子流量计；3—过冷器；4—表冷器；5—实验台支架；6—吸入段；7—整流栅；
8—加热前空气温度；9—表冷器前静压；10—压力传感器；11—表冷器后静压；12—加热后空气温度；
13—流量测试段；14—毕托管；15—毕托管校正安装孔；16—风量调节板；17—引风机；
18—风机支架；19—压力传感器；20—控制测试仪表盘；21—水箱

（1）换热器为表冷器，表冷器分叉排翅片管、顺排翅片管、叉排光管、顺排光管等几种类型。表冷器几何尺寸参数见表 6-1。

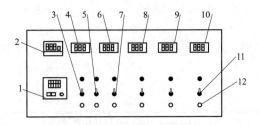

图 6-10　实验装置控制测试仪表盘面板示意图

1—加热温度控制仪；2—8 路万能信号巡检仪；3—风机开关；4—热水涡轮流量显示 m³/h；

5—风门调节；6—加热电压；7—水泵开关；8—加热电流；9—加热电压；10—加热电流；

11—加热开关；12—加热调节

表 6-1	表冷器几何尺寸参数表			
换热管类型	叉排翅片管	顺排翅片管	叉排光管	顺排光管
铝串片尺寸，mm	250×65	250×65	—	—
片距 b，mm	2.8	2.8	—	—
基管直径 d_w/d_n，mm	10/8	10/8	10/8	10/8
迎风面积 F_y，m²	0.064	0.064	0.088	0.088
散热面积 F，m²	2.775	2.775	0.29	0.29
最窄通风面积 f，m²	0.039	0.039	0.057	0.057
热水流通面积 f'，m²	0.000 050 24	0.000 050 24	0.000 050 24	0.000 050 24

（2）水箱电加热器总功率为 9kW，分六档控制，六档功率分别为 1.5kW。

（3）空气温度、热水温度用铜-康铜热电偶测量。

（4）空气流量用毕托管流量计测量。

（5）空气通过换热器的流通阻力，在换热器前后的风管上设静压测嘴，配压力传感器测量；热水通过换热器的流通阻力，在换热器进出口处设测阻力测嘴，配用压力传感器测量。

（6）热水流量用涡轮流量计测量。

4. 实验内容与步骤

（1）实验方案的制定。根据实验目的进行实验方案设计，包括实验思路、实验工况点的选择、热水进口温度大小选取、冷热水流量大小选择。

（2）实验操作。接通可控硅温控装置电源，开启温控装置，设定热水的加热温度；开启回水阀，开启水泵，改变调节阀开度调节水流量；开启风机，将风门开到最大开度；待水温到达设定温度并稳定 5min 后，读取有关数据；逐次减小冷水阀的开度改变实验工况，每改变一次工况稳定 5min 后再读数据。最后获得冷热水进出口温度、冷热水流量。

（3）数据处理。根据实验工作原理、实验数据及其计算处理公式，计算出换热器的总传热系数，对数平均传热温差和热平衡误差等，绘制出传热性能曲线。并就两种不同流动方式（顺流、逆流）在不同工况的传热情况下进行换热器换热性能的比较与分析。

附表 A　常用热电偶简要技术数据

热电偶名称	分度号	热电极材料			20℃时的偶丝电阻系数/$(\Omega \cdot mm^2 \cdot m^{-1})$	100℃时的热电势，mV	使用温度，℃		允许误差，℃				等级
		极性	识别	化学成分（名义）			长期	短期	温度	误差	温度	误差	
铂铑10-铂	S	正	稍硬	Pt：90% Rh：10%	0.25	0.645	1300	1600	0~1100	±1	1100~1600	$\pm[1+(t-1100)\times0.003]$	I
		负	柔软	Pt：100%	0.13				0~600	±1.5	600~1600	$\pm0.25\%t$	II
镍铬-镍硅	K	正	不亲磁	Ni：90% Cr：9%~10% Si：0.4%余 Mn，Co	0.7	4.095	1100	1300	0~400	±1.6	400~1100	$\pm0.4\%t$	I
		负	稍亲磁	Ni：97% Si：2%~3%， Co：0.4%~0.7%	0.23				0~400	±3	400~1300	$\pm0.75\%t$	II
镍铬-康铜	E	正	色暗	同K正极	0.7	6.317	600	800	0~400	±4	400~800	$\pm1\%t$	II
		负	银白色	Ni：40% Cu：60%	0.49								
铂铑30-铂铑6	B	正	较硬	Pt：70% Rh：30%	0.25	0.033	1600	1800			600~1700	$\pm0.25\%t$	II
		负	较软	Pt：94% Rh：30%	0.23				600~800	±4	800~1700	$\pm0.5\%t$	
铜-康铜	T	正	红色	Cu：100%	0.017	4.277	350	400			-40~350	±0.5 或 $\pm0.4\%t$	I
											-40~350	±1 或 $\pm0.75\%t$	II
		负	银白色	Cu：60% Ni：40%	0.49						-200~-40	±1 或 $\pm1.5\%t$	III

附表 B　铜-康铜热电偶分度表

（参考端温度为 0℃，mV）

温度（℃）	0	1	2	3	4	5	6	7	8	9
0										
10	0.400	0.445	0.490	0.540	0.575	0.630	0.675	0.720	0.762	0.806
20	0.850	0.896	0.942	0.988	1.034	1.080	1.128	1.176	1.244	0.272
30	1.320	1.366	1.412	1.458	1.504	1.550	1.594	1.638	1.682	1.726
40	1.770	1.816	1.862	1.908	1.954	2.000	2.046	2.092	2.138	2.184
50	2.230	2.278	2.326	2.374	2.422	2.470	2.516	2.562	2.608	2.654
60	2.700	2.746	2.792	2.838	2.884	2.930	2.976	3.022	3.068	3.114
70	3.160	2.204	3.248	3.292	3.336	3.380	3.434	3.488	3.542	3.596
80	3.650	3.700	3.750	3.800	3.850	3.900	3.950	4.000	4.050	4.100
90	4.150	4.200	4.250	4.300	4.350	4.400	4.456	4.512	4.568	4.624
100	4.680									

附表 C　镍铬-银硅（镍铅）热电偶分度表

（分度号 EA-2，参考端温度为 0℃，mV）

温度（℃）	0	1	2	3	4	5	6	7	8	9
0	0.00	0.07	0.13	0.20	0.26	0.33	0.39	0.46	0.52	0.95
10	0.65	0.72	0.78	0.85	0.91	0.98	1.05	1.11	1.18	1.24
20	1.31	1.38	1.44	1.51	1.57	1.64	1.70	1.77	1.84	1.91
30	1.98	2.05	2.12	2.18	2.25	2.32	2.38	2.45	2.52	2.59
40	2.66	2.73	2.80	2.87	2.94	3.00	3.07	3.14	2.21	3.28
50	2.35	3.42	3.49	3.56	3.63	3.70	3.77	3.84	3.91	3.98
60	4.05	4.12	4.19	4.26	4.33	4.41	4.48	4.55	4.62	4.69
70	4.76	4.03	4.90	4.98	5.05	5.12	5.20	5.27	5.34	5.41
80	5.48	5.56	5.63	5.70	5.78	5.85	5.92	5.99	6.07	6.14
90	6.21	6.29	6.36	6.43	6.51	6.58	6.65	6.73	6.30	6.87
100	6.95	7.03	7.10	7.17	7.25	7.34	7.40	7.47	7.54	7.62
110	7.69	7.77	7.84	7.91	7.99	8.06	8.13	8.21	8.28	8.35
120	8.43	8.50	8.58	8.65	8.73	8.60	8.88	8.95	9.03	9.10
130	9.18	9.25	9.33	9.40	9.48	9.55	9.63	9.70	9.78	9.85
140	9.93	10.00	10.08	10.16	10.23	10.31	10.38	10.46	10.54	10.61
150	10.69	10.77	10.85	10.92	11.00	11.08	11.15	11.23	11.31	11.38
160	11.46	11.54	11.62	11.69	11.77	11.85	11.93	12.00	12.08	12.16
170	12.24	12.32	12.40	12.48	12.55	12.63	12.71	12.79	12.87	12.95
180	13.03	13.11	13.19	13.27	13.36	13.44	13.52	13.60	13.68	13.76
190	13.34	13.92	14.00	14.08	14.16	14.25	14.34	14.43	14.50	14.58
200	14.66	14.74	14.82	14.09	14.98	15.06	15.14	15.22	15.30	15.38
210	15.48	15.56	15.64	15.72	15.80	15.89	15.97	16.05	16.13	16.21
220	16.30	16.38	16.46	16.54	16.62	16.71	16.79	16.86	16.95	17.03
230	17.12	17.20	17.28	17.37	17.45	17.53	17.62	17.70	17.78	17.87
240	17.95	18.67	18.11	18.19	18.28	18.36	18.44	18.52	18.60	18.68
250	18.76	18.84	18.92	19.01	19.09	19.17	19.26	19.34	19.42	19.51
260	19.59	19.67	19.75	19.84	19.92	20.00	20.09	20.17	20.25	20.34
270	20.42	20.50	20.58	20.66	20.74	20.83	20.91	20.99	21.07	21.15
280	21.24	21.32	21.41	21.49	21.57	21.65	21.73	21.82	21.90	21.98
290	22.07	22.15	22.23	22.32	22.40	33.48	22.57	22.65	22.73	22.81
300	22.90	22.93	23.07	23.15	23.23	23.32	23.40	23.49	23.57	23.66
310	23.74	23.83	23.91	24.00	24.08	24.17	24.25	24.34	24.42	24.51
320	24.59	24.68	24.76	24.85	24.98	25.02	25.10	25.19	25.27	25.36
330	25.44	25.53	25.61	26.00	25.78	25.86	25.95	26.03	26.12	26.21
340	26.30	26.38	26.47	26.55	26.64	26.73	26.81	26.90	26.98	27.07

温度（℃）	0	1	2	3	4	5	6	7	8	9
350	27.15	27.24	27.32	27.41	27.49	27.58	27.66	27.75	27.83	27.92
360	28.01	28.10	28.19	28.27	28.36	28.45	28.54	28.62	28.71	28.80
370	28.88	28.97	29.06	29.14	29.00	29.32	29.40	29.49	29.58	29.66
380	29.75	29.83	29.92	30.00	30.09	30.17	30.26	30.34	30.43	30.52
390	30.61	30.70	30.79	30.87	30.96	31.05	31.13	31.22	31.30	31.39
400	31.48	31.57	31.66	31.74	31.83	31.92	32.00	32.09	32.18	32.26
410	32.34	32.43	32.52	32.60	32.69	32.78	32.86	32.95	33.04	33.13
420	33.21	33.30	33.39	33.49	33.56	33.65	33.73	33.82	33.90	33.99
430	34.07	34.16	34.25	34.33	34.42	34.51	34.60	34.68	34.77	34.85
440	34.94	35.03	35.12	35.20	35.29	35.38	35.46	35.55	35.64	35.72
450	35.81	35.90	35.98	36.07	36.15	36.24	36.33	36.41	36.50	36.58

参 考 文 献

［1］ 赵黎. 大学物理实验. 上海：复旦大学出版社. 2012.

［2］ 严军. 化工原理实验数据处理方法及误差分析. 实验科学与技术，2010，8（1）：40-42.

［3］ 周莲莲. 基础实验中测量误差实用处理技术. 实验科学与技术，2007，5（4）：27-29.

［4］ 曾磊，石友安，孔荣宗，等. 薄膜电阻温度计原理性误差分析及数据处理方法研究. 实验流体力学，2011，25（1）：79-83.

［5］ 邵婷婷，张水利，张永波. 两种剔除异常数据的方法比较. 现代电子技术，2008，13（24）：148-151.

［6］ 李斌，何安定，周芳德. 窄缝环形管内流动与传热实验研究. 化工机械，2011，28（1）：1-4.

［7］ 李雄军. 几种线性回归方法的比较. 计量技术，2005（8）：52-54.

［8］ 高绘玲. Excel2010 表格制作与数据分析范例应用. 北京：人民邮电出版社. 2014.

［9］ 肖信. Origin8. 0实用教程—科技作图与数据分析. 北京：中国电力出版社. 2009.

［10］ 沈维道、童钧耕. 工程热力学. 4 版. 北京：高等教育出版社. 2007.

［11］ 杨世铭，陶文铨. 传热学. 4 版. 北京：高等教育出版社. 2006.

［12］ 孔珑. 流体力学. 北京：高等教育出版社. 2009.

［13］ 孙晓刚，李云红. 红外热像仪测温技术发展综述. 激光与红外，2008，38（2）：101-104.

［14］ 张鹏，周英彪，郑楚光. 实时全息干涉法重建轴对称温度场. 动力工程，2003，23（2）：2321-2324.

［15］ 张静，宋健斐，魏耀东，等. D300mm×3420mm 圆管内旋转流流场的 LDV 实验测量. 实验流体力学，2009，23（1）：40-43.

［16］ 张玮，王元，徐忠. 应用粒子图像速度场仪对泊肃叶流动及圆柱绕流的测量. 西安交通大学学报，2002，36（3）：246-251.